Tom Flowers

Ewige Blütenkraft

Neue Techniken des Design-Anbaus zur ganzjährigen Hanfernte

NACHT-SCHATTEN VERLAG

Aus dem Amerikanischen
von Ulrich Pützstück

Denen gewidmet, die ihre Gesundheit dem Marihuana verdanken.

»Es wird eine Zeit kommen, da das Funktionieren der Maschinerie so verhasst ist und die Herzen so krank macht, dass Ihr nicht mehr mitmachen könnt, nichtmals zuschauen. Und Ihr müsst Eure Körper gegen das Getriebe, gegen die Räder, gegen die Hebel, gegen den ganzen Apparat stemmen. Und ihr müsst ihn anhalten.«

Mario Savio
1943–1996

Verlegt durch
NachtschattenVerlag
Kronengasse 11
CH-4502 Solothurn

Umschlaggestaltung: Barbara Stalder
Satz: Ulrich Pützstück
Herstellung: Druckerei Uhl, Radolfzell
Printed in Germany
ISBN 3-907080-41-6

Inhalt

Vorwort

Marihuana könnte man ultimativ die Sonnen-Pflanze nennen. Mit ausreichend Licht ist sie eine der am schnellsten wachsenden Pflanzen der Welt, und sie ist vielseitiger als die meisten anderen Nahrungs- und Kräutergewächse des Menschen.

Aber für den Marihuanazüchter ist es interessanter zu wissen, wie das Gedeihen der Pflanze von Licht und Dunkelheit abhängig ist. Marihuana ist genetisch programmiert zu blühen, wenn die Nacht eine bestimmte Länge erreicht hat. Sobald diese Phase erreicht ist und anhält, wird Marihuana blühen. Es spielt dabei keine Rolle, ob die Pflanzen jung oder alt sind.

Es ist kein Geheimnis, das viele Marihuana-Bauern mehrere Ernten in einem Jahr einbringen. Dabei spielt die Länge der Dunkelphasen, denen man die Pflanzen aussetzt, eine grosse Rolle. Darin liegt der Schlüssel zu optimalem Wachstum. Es braucht nicht viel ausser einer wachstumsfördernden Umgebung. Keine Chemikalien oder Hormone sind nötig, um die Marihuanapflanze dazu zu bringen zu blühen. Sie sehnt sich nur nach Perioden ununterbrochener Dunkelheit.

Ein gutentwickelter Sinn dafür, wie die Blüte von Marihuana gesteuert werden kann, bringt dem Züchter in jeder Hinsicht Vorteile. Die Eigenschaften der Pflanze, wie z.B. Höhe, Zahl der Triebe und Reifedatum können leichter an die Bedürfnisse des Züchters angepasst werden; »Designer-Marihuana« wäre ein angemessener Ausdruck.

Braucht es eine kleinere Pflanze, die in einem Einbauschrank Platz hat und unter Neonlicht wachsen soll? Soll es eine frühe oder späte Ernte im Treibhaus sein? Wie kann man im Freien schon im August ernten, bevor die Hubschrauber kommen? Wielang muss die Lichtphase sein, um grössere Blüten zu bekommen? Überall haben sich Züchter mit diesen Fragen beschäftigt. Dieses Buch berichtet von ihren Experimenten. Es beleuchtet jede wachstumsanregende Technik, die die Blüte von Marihuana wesentlich fördert.

Blütensteuerung und mehr

Neben der direkten Methode der Blütensteuerung von Marihuana mit Hell- und Dunkelzyklen wurden viele andere ausgetüftelte Techniken angewandt, um Marihuana zu züchten. Kohlendioxid-Anreicherung zum Beispiel verbessert sowohl die Wachtumsrate als auch die Grösse der Blüten. Es vermehrt auch die Zahl der weiblichen Pflanzen, wenn man selbst mit Samen züchtet. Durch die Technik des »grünen Ozeans«, bei der viele kleinere Pflanzen statt nur wenige grössere Pflanzen gezüchtet werden, wird der Gesamtertrag bei Verwendung von Kunstlicht beträchtlich gesteigert. Sogar durch gewöhnliche Dinge, wie der angemessenen Verwendung von phosphorhaltigem Kunstdünger, kann die Grösse der Blüten des Marihuanas verglichen mit phosphorarmen Pflanzen deutlich gesteigert werden.

Andere »technische« Tricks beim Anbau wie z.B. die Verwendung von Ablegern statt Samen zur Vermehrung tun ein übriges – die Zahl der Pflanzen reduziert sich auf die Hälfte verglichen mit den meisten Ernten aus Samen, da es keine männlichen Pflanzen gibt. Ableger, die erzwungene Blüte, »Grüner Ozean« und CO_2-Anreicherung führen zu einer schnellen Erntefolge. Viele Züchter bringen sechs oder mehr Ernten im Jahr ein. Diese schnelle Erntefolge hat einen positiven Nebeneffekt. Sie macht es für Produzenten, die an Zuchtpflanzen interessiert sind, einfacher, vorteilhafte Entwicklungen in dieser Erntefolge zu fixieren.

Andere Untergrund-Botaniker bringen Pflanzen dazu, Samen zu produzieren, die Ernten mit einem hohen Prozentsatz von oder ausschliesslich weiblichen Pflanzen hervorbringen. Mehrere Techniken und Behandlungsmethoden sind bekannt, die Auswirkungen auf die Anzahl weiblicher Pflanzen haben. Es ist sogar möglich, ausschliesslich weibliche Blüten aus Samen zu ernten. Dieses Buch wird den aktuellen Stand der Forschung aufzeigen, d.h. welche Möglichkeiten bis heute gefunden wurden.

Einige der hier präsentierten Informationen stammen aus der Zucht von anderen Pflanzen und werden nur erwähnt, wenn sie von Marihuana-Züchtern erprobt worden sind oder allgemein im Gartenbau Anwendung finden. Ein Beispiel, das beide Kriterien erfüllt, ist der Gebrauch des »Pflanzen-Hormons« Äthylen, das die Zahl weiblicher Pflanzen bei der Samenernte vermehrt. Dieses Phänomen wurde zuerst bei Orchidee-Bäumen bemerkt, die diesem Gas ausgesetzt wurden. Mehrere Berichte von Marihuana-Züchtern bezeugen positive Ergebnisse der Äthylen-Behandlung von Samen, bevor sie spriessen. Spätere Äthylen-Behandlungen, etwa während der Blütezeit, haben eher den gegenteiligen Effekt. Denn wann und wie eine Substanz bei der Marihuana-Pflanze angewendet wird ist ebenso wichtig wie die Substanz selbst. Dieses Buch zeigt, wie man die Blüte fördernde Substanzen im Hinblick auf beste Ergebnisse anwendet.

Bei diesen High-Tech-Methoden des Marihuana-Anbaus müssen nur sehr wenige Giftstoffe angewendet werden. Allgemein gesagt greifen an High-Tech orientierte Marihuana-Züchter sowohl auf Technologien wie Hydrokultur und »Grüner Ozean« als auch organische Anbauverfahren und natürliche Insektenkontrolle zurück. Die meisten der in diesem Buch erwähnten Substanzen, wie Kohlendioxid, sind natürlich und werden in grossen Mengen von den Marihuana-Pflanzen gebraucht, oder es sind natürliche Hormone, die von der Pflanze produziert werden.

Allerdings können natürlich vorkommende Substanzen wie Hormone sehr wirkungsvolle Effekte haben. Angesichts der massiven Anstrengungen, mit denen versucht wird, der Kultivierung von Marihuana Einhalt zu gebieten, müssen alle Möglichkeiten in Betracht gezogen werden. Die Milliardenbeträge, die bei dem Versuch verschwendet werden, die Marihuana-Züchter aus dem Geschäft zu drängen, machen es verständlich, dass die Züchter ihren Vorteil suchen, wo sie nur können. Ihre Versuchsfelder liegen eher in einer ländlichen Gegend und nicht auf dem Campus hinter den Zäunen einer altmodischen Universitätsstadt. Und doch wird ertragreiche Forschung betrieben und es werden Durchbrüche erzielt. Die Kultivierung hat sich aus dem Wald in die Garage, den Keller oder das Treibhaus verlagert, verbunden mit einer Einschränkung der Menschenrechte und erhöhtem Elektrizitätsverbrauch. Aber Züchter sind eine ebenso anpassungsfähige Spezies wie *Cannabis Sativa.*

Ich veröffentliche dieses Material nicht, um die Leser zu bekifften Gelehrten zu machen, sondern weil die Kontrolle des genetischen Materials der Cannabis-Pflanze um so wichtiger wird, je näher die Pflanze ihrer Legalisierung ist. Eigentlich kann man die Cannabinoide und alles Vergleichbare vergessen – die Regierungen haben sie strengstens verboten. Statt dass nötige Grundlagenforschung zur Produktion von auf Cannabinoiden basierenden Medikamenten betrieben wird, hat die amerikanische Regierung nur eine äusserst teure Droge, Drobinol (Marinol®) konzessioniert. Sie ist vier bis fünfmal teurer (gemessen am THC-Gehalt) als die wohltuendsten Duftblüten, die auf dem illegalen Markt verfügbar sind.

Aber die Regierungsheinis haben keine Kontrolle über die lebenden Pflanzen. Im Moment halten die kleinen, gesetzlosen Züchter sehr viel des genetischen Materials (Samen und Ableger) in ihrer Hand. Sie haben unglaubliche Dinge geleistet, angesichts der Umstände unter denen zu arbeiten sie gezwungen sind. Wenn man bedenkt, das noch vor 20 Jahren Marihuana nur im Freiland und in einem kleinen Gebiet der Vereinigten Staaten gezüchtet werden konnte und dass im Kunstlicht gezogene Kulturen kaum bekannt waren, sind die Fortschritte in der Zucht- und Kultur-Technologie immens. Nur wenige Jahre der Forschung haben ausgereicht, um eine Vielzahl von wirkungsvollen Marihuanasorten zu züchten, die im Freien in allen klimatischen Regionen der Vereinigten Staaten und einem Grossteil von Kanada gedeihen können. Unter Kunstlicht kann Cannabis theoretisch überall gezüchtet werden.

Die Kontrolle durch Hubschrauber und Flugzeuge, die es für viele Züchter notwendig machte, in Innenräume mit Kunstlicht oder Treibhäuser umzuziehen, hat unerwartet neue Methoden des Marihuana-Anbaus hervorgebracht. Durch die Nutzung von Kunstlicht und wachstumsfördernden Methoden haben die Züchter bald gelernt, dass der Anbau in geschlossenen Räumen auch viele Vorteile haben kann – wie z.B. mehrere Ernten pro Jahr. Treibhaus-Züchter haben dabei Möglichkeiten gefunden, Marihuana ausserhalb der natürlichen Zeit blühen zu lassen und mehrere Ernten pro Jahr einzubringen. Das ist wie Manna vom Himmel. Jede Ernte bedeutet neue Samen und eine neue Möglichkeit der Fortentwicklung. Ein Grossteil der Zucht von Samen, auch für den Freilandanbau, geschieht nun in geschlossenen Räumen unter Kunstlicht.

Ich widme mich in diesem Buch auch der Züchtung von Marihuana aus Samen, weil die Zuchtmethoden und mehrfachen Ernten es ermöglichen, einen grossen Fortschritt in kurzer Zeit zu erzielen. Samen sind wichtig, falls man die Zucht für einen gewissen Zeitraum unterbrechen will. Kluge Züchter fordern ihr Glück nicht heraus. Indem er die Blüte beeinflusst und mehrfach erntet, kann jeder Züchter das Keimen steuern. So sät, lasst nicht locker, und seid »ihnen« einen Schritt voraus.

Manches von der Art, wie einige Züchter mit Cannabis umzugehen verstehen, kann ich nicht weitervermitteln. Einige tun sehr geheimnisvoll, aber die besten Züchter, so scheint es, folgen ihrer Intuition bei der Paarung der Pflanzen. Alles, was ich von ihnen erfahren konnte, war, dass sie einer »Vision« folgen. Wie dem auch sei, vieles ist möglich ohne einen grossen Plan zu haben. Während einige Könner nicht zufrieden sind, bis sie eine einmalige Art zustandegebracht haben, sind andere Ziele leichter zu erreichen: Die Stabilisierung von Eigenschaften von Samen verschiedener Sorten auch durch Kreuzung mit ähnlichen Pflanzen. Samen, aus denen vorwiegend oder ausschliesslich weibliche Pflanzen hervorgehen, sind auch eine Möglichkeit.

Der Ausdruck »Blütenzwang« mag ein wenig hart klingen. »Blütensteuerung« klingt freundlicher. Ich rede manchmal von »erzwungener Blüte« wegen der schwierigen Situation, die die Cannabis-Pflanze in den letzten fünfzig Jahren erlebt hat. Wenn man für den Drogenkrieg einen Vergleich finden muss, so liegt die Inquisition nahe, bei der Gewalt an der Tagesordnung ist. Die Gesetze gegen Marihuana sind einfach ein grausamer Scherz, eine falsche Bewegung und Verfolgung und Gefängnis erwartet einen. Sie sind komisch, absurd und nicht wirklich, bis man verurteilt ist.

Wir geben mehr Geld aus für Gefängnisse als für den Bau von Schulen, und dabei ähneln viele Schulen Gefängnissen. Vernünftige Diskussionen von Erwachsenen werden durch die Furcht vor Verhaftungen, den »Verrat« durch ihre Kinder oder den »zufälligen« Drogen-Test am Arbeitsplatz verhindert.

Erfolgreiche Züchter sind damit zufrieden, dem aus dem Weg zu gehen. Sie ziehen häufig um, verändern ihre Identität, erzählen den Leuten nicht, was sie tun, und machen sich in der Öffentlichkeit unsichtbar. Am besten pflegt man einen fast klösterlichen Lebensstil und hat feste und dauerhafte freundschaftliche Beziehungen. Das ist keine Arbeit für Party-Gänger oder Dummköpfe, denn falsches Verhalten kann teuer zu stehen kommen.

Die meisten Züchter, die ich für dieses Buch interviewt habe, waren nicht bereit, mit ihrer Arbeit aufzuhören. Stattdessen ziehen sie sich weiter in den Untergrund zurück. Ein Züchter formulierte es so: »Ich würde Cannabis lieber unter anderen Umständen anbauen, aber wir sind gezwungen, entweder aufzugeben oder die Kraft der Pflanze zu nutzen. Ich nutze ihre Kraft als meinen Führer.« Die Pflanzen-Spezies *Cannabis Sativa* (Marihuana eingeschlossen) hat bewiesen, wie anpassungsfähig sie ist – eine Kraft, mit der gerechnet werden muss.

1

Die Kraft

Pflanzen zum Blühen zu bringen, ist eine Wissenschaft, die vor allem im 20. Jahrhundert entwickelt worden ist. Sie ist in der kommerziellen Blumenproduktion weit verbreitet und wird in den Treibhäusern rund um den Globus angewendet. Züchter, die die Blumen durch Techniken zur Blüte zwingen, tun dies mit Tricks. Sie simulieren die gleichen Umweltbedingungen, die diese Pflanzen in der Natur zur Blüte treiben.

Mit Hilfe dieser Techniken des Blütezwangs erzeugen die Züchter viele Pflanzen während des ganzen Jahres. Ohne diese Techniken wären viele Treibhausblumen, wie Chrysanthemen, Amaryllis oder Tulpen, nur während einer bestimmten Jahreszeit verfügbar. Durch das Verständnis des Lebenszyklus der gezüchteten Pflanzen, sind die Züchter in der Lage, viele Arten von Pflanzen nach Belieben zur Blüte zu bringen. Die Ernten werden dann oft auf die Zeit der grössten Nachfrage hin geplant.

Nicht alle Pflanzen sind dazu geeignet, auf Zwang hin zu blühen, aber bei denen, die es sind, lösen bestimmte Umweltfaktoren unumgänglich die Blüte aus. Beim Marihuana braucht die Pflanze eine bestimmte Anzahl von Stunden ununterbrochener Dunkelheit während jedes Tages, oder einer 24-Stunden-Periode, damit die Pflanze blüht.

Obwohl die Dunkelperioden der Hauptfaktor sind, um die Blüte bei der Marihuanapflanze herbeizuführen, gibt es noch mehrere andere Faktoren, die dabei eine Rolle spielen. Auch wenn diese Faktoren für sich selbst genommen nicht ausreichen, die Blüte zu erzwingen, so können sie sie doch stimulieren oder behindern.

Zu diesen Faktoren gehören der Nährstoffgehalt des Mediums, in dem die Pflanze wächst, das Farbspektrum des Lichts, die Kohlendioxidkonzentration in der Umgebung und die Gesundheit und allgemeine Kraft der Pflanze.

Cannabis war Gegenstand der ersten Experimente, die definitiv zeigten, dass bestimmte Pflanzen dazu gebracht werden können, auch ausserhalb der Saison zu blühen. Da der betreffende Botaniker nie wirklich gewürdigt worden ist, will ich hier ein wenig von seiner Arbeit schildern.

1910 veröffentlichte der französische Botaniker Julien Tournois einen Beitrag, in dem er beschrieb, wie er seine Hanfpflanzen im Treibhaus dazu gebracht hatte, im Frühsommer zu blühen. Tournois' Entdeckung bildete das Fundament für die Methoden, die heute von der kommerziellen Blumenindustrie genutzt werden.

Tournois' Ausgangsbeobachtung war, dass der Hanf in seinem Treibhaus während der Wintermonate in einem sehr jungen Pflanzenstadium blühte. Er vermutete, dass es die kurzen Wintertage waren, die seine Pflanzen zur Blüte stimuliert hatten, und führte eine Reihe von Experimenten durch, um seine Hypothese zu testen.

In einigen seiner Experimente benutzte er speziell entworfene, lichtundurchlässige Boxen, in die er die Pflanzen auf einem Karren für bestimmte Zeiten pro Tag hineinstellte. Damit verkürzte er künstlich die Zeit des Tageslichts. So gelang es ihm, seine Pflanzen nach seinem Willen zum Blühen zu bringen.

Aber Tournois lag nur zum Teil richtig – es waren nicht wirklich die kurzen Tage, die das Blühen herbeiführten. Spätere Forschungsarbeiten anderer Wissenschaftler wiesen nach, dass es tatsächlich die langen Nächte ununterbrochener Dunkelheit waren, die den Hanf veranlassten, Blüten zu produzieren. Wenn die Dunkelheit nur wenige Minuten durch Licht, sogar von einer verhältnismässig schwachen Quelle unterbrochen wird, kann Cannabis am Blühen gehindert werden. Die Unterbrechung der Lichtperiode durch Dunkelheit hat einen kleinen Effekt auf das Blühen des Cannabis.

Doch die Klassifizierung war damit schon gegeben. Und so haben wir heute eine etwas verwirrende Bezeichnung, um Pflanzen wie Cannabis zu beschreiben.

Marihuana wird heute als Nachtschattengewächs bezeichnet. Dieser Ausdruck beschreibt den Mechanismus, der das Blühen auslöst. Obwohl er andeutet, dass es die Nacht braucht, wäre »Lange-Nacht-Pflanze« eine genauere Klassifizierung von Marihuana.

Der Ausdruck »Photoperiode« (Licht- und Dunkelperiode) wird benutzt, um die Länge der Zeit zu bezeichnen, die eine Pflanze jeden Tag dem Licht ausgesetzt ist. Er wird in bezug auf die Blüte oft benutzt. (Die meisten Arten von Marihuana blühen zum Beispiel bei einer Photoperiode von zwölf Stunden.) Das klingt zunächst richtig, aber es könnten sechs Stunden Licht sein, denen sechs Stunden Dunkelheit folgen, dann sechs weitere Stunden im Licht und sechs Stunden Dunkel. Ihre Pflanzen werden unter diesen Umständen nicht blühen. Wir werden den Ausdruck »Photoperiode« in diesem Buch benutzen, weil er allgemein üblich ist. Ich meine allerdings damit eine bestimmte Zahl aufeinanderfolgender Stunden, denen eine gewisse Zahl von Stunden ununterbrochener Dunkelheit folgen, die zusammengenommen 24 Stunden ergeben. Ein 13-stündige Photoperiode bedeutet zum Beispiel eine 11-stündige Dunkelheit. Einer 12-

stündigen Photoperiode folgen 12 Stunden ununterbrochener Dunkelheit. Es wird keine Probleme geben, solange klar ist, dass es für Marihuana die Nacht, die ununterbrochene Dunkelheit ist, die die Blüte auslöst.

Neben der Darlegung der Grundlagen der Blütensteuerung lösten Tournois' Forschungsbeiträge eine Suche nach dem Mechanismus in Pflanzen aus, der die Länge der Nacht bestimmen und auch die Produktion der Chemikalien auslösen könnte, die die Pflanze produzieren muss, um zu blühen. Die Wissenschaftler waren dessen so sicher, dass sie dieser Substanz den Namen »Florigen« gaben. Es war ihre Hoffnung, dass, sobald diese Chemikalie oder dieses Hormon gefunden war, Pflanzen leicht behandelt und dazu gebracht werden könnten, dann zu blühen, wenn es der Züchter will.

Florigen hat sich jedoch als Illusion herausgestellt. Es wurde nie gefunden, auch wenn viele andere Pflanzen-Hormone und Bausteine des Lebens seitdem verstanden worden sind. Doch ist noch möglich, dass eine Substanz oder Gruppe von Substanzen entdeckt werden, die das Blühen bestimmter Pflanzen auslösen. Auch ohne Florigen hat Tounois' Arbeit den Weg zu vielen Techniken geebnet, die Pflanzen wie Marihuana zur Blüte bringen.

Wie eine Pflanze die Zeit erfährt, bleibt vorerst ein Geheimnis, obwohl man weiss, dass diese Aktivität in den Blättern der Pflanzen stattfindet. Pflanzen wie Marihuana kennen sich genau aus in der Zeit. In der Natur hängt das Leben der Pflanze davon ab. Die Samen müssen vor dem Frost gesetzt werden. Die Pflanze weiss von dem Frost durch das Längerwerden der Nächte nach der Sommersonnenwende. In manchen Gewächsräumen kann man die Pflanzen geradezu hören, wie sie wie empfindliche Uhren ticken.

Verschiedene Techniken zur Blütensteuerung bei Marihuana

Marihuana gehört zu der sehr vielfältigen aber einzigartigen Spezies der Pflanze *Cannabis Sativa.* Diese Art umfasst viele verschiedene Drogen-Variationen sowie auch Hanfpflanzen, die zur Gewinnung von Fasern und Samen dienen. Es sind mindestens zwei verschiedene Arten von Marihuana bekannt, *Cannabis Sativa* und *Cannabis Indica.* Eine andere Art, *Cannabis Ruderalis*, hat einen unbekannten Ursprung, aber wird als natürlicher Hanf (*Cannabis Sativa*) angesehen, der keinen bestimmten Unterschied aufweist. Einige Wissenschaftler sehen jede dieser Arten als verschieden an. Man kann jedoch diese Arten leicht miteinander kreuzen und Samen erzeugen, die die Eigenschaften einer einzelnen Art besitzen.

Nur einige wenige Sorten von Marihuana kann man nicht zur Blüte zwingen. Da die meisten davon eher reine Hanf- als Drogenpflanzen sind, werden

Marihuana-Züchter selten erleben, dass lange Nächte die Blütenproduktion nicht stimulieren. Sowohl männliche als auch weibliche Marihuanapflanzen werden blühen, wenn sie langen Nächten mit ununterbrochener Dunkelheit ausgesetzt werden.

Die meisten Marihuanapflanzen werden blühen, wenn sie zwölf Stunden ununterbrochene Dunkelheit während eines 24-Stunden-Rhythmus haben. Das ist die durchschnittliche Photoperiode für alle, die in geschlossenen Räumen züchten.

Die genaue Nachtlänge, die es braucht, um eine besondere Sorte von Marihuana zur Blüte zu bringen, ist genetisch programmiert. Der Breitengrad des Ursprungs der Pflanze ist entscheidend für das Licht und die Dunkelheit, die sie braucht. Allgemein gesagt, um so weiter im Norden der Ursprung der Pflanze liegt, um so früher im Jahr wird sie im Freien blühen. Einige Arten aus Afghanistan zum Beispiel (35. Breitengrad) werden nach 10-stündigen Nächten blühen.

Der 35. Breitengrad ist die Grenze, wo die Vielfalt von Marihuana als Droge entweder heimisch oder seit dem Altertum kultiviert worden ist. Cannabis ist seit so langer Zeit kultiviert worden, dass wirklich natürliche Arten, die als einheimisch angesehen werden können, nicht mehr auszumachen sind. Ausser den Arten von Cannabis, die der Kultivierung entflohen sind und sich wieder naturalisiert haben, sind die Genome in Menschenhand.

Tropische Variationen von Marihuana wie thailändische oder kolumbianische brauchen gewöhnlich längere Nachtzyklen als einheimische Pflanzen gemässigter Regionen, um zu blühen. Tag- und Nachtlängen in äquatorialen Gebieten sind weniger unterschiedlich als in nördlichen Regionen. Obschon die meisten tropischen Arten von Marihuana den Kreislauf von 12 Stunden Licht und 12 Stunden Dunkelheit gewohnt sind, werden einige besser bei längeren Dunkelzeiten gedeihen. Tropische Arten von Marihuana werden draussen selten gedeihen, weil sie bis Dezember nicht zur Blüte kommen.

Was auch immer als Beleuchtung für das Blühen verwendet wird, Pflanzen wie Menschen brauchen einen Tagesrhythmus, den 24-Stunden Tag- und Nachtrhythmus. Blütenkreisläufe und vegetative Kreisläufe, bei denen der 24-Stunden Rhythmus nicht stimmt, werden die Pflanze verwirren und können das Blühen verzögern. Einige Züchter zum Beispiel vermuteten, dass dieser Rhythmus von 12 Stunden mit Licht und 12 Stunden ohne Licht bei Marihuanapflanzen, die dies gewohnt waren, verändert werden könnte auf 13 Stunden mit und 13 Stunden ohne, oder 15 Stunden mit und 15 Stunden ohne Licht – einfach zu irgendeiner Stundenzahl, bei der das Licht gleichlang an wie aus ist.

Doch der Tagesrhythmus hat seine Bedeutung. Auch wenn eine Marihuanapflanze mit dem 13 Stunden-Kreislauf getäuscht werden kann, können auch einige unerwünschte Auswirkungen beobachtet werden, wie zum Beispiel die Verlängerung der Blütezeit. Um so länger der Kreislauf dauert, um so offenbarer werden die Veränderungen werden. Zyklen ungleicher Länge, die 24 Stunden überschreiten, wie 13 Stunden mit Licht und 15 Stunden ohne, haben die gleichen negativen Auswirkungen. Kurz gesagt, Marihuana kann zwar die Stunden der Dunkelheit zählen, ist aber im Grunde auf den 24-Stunden-Tag/Nacht-Kreislauf fixiert.

Marihuana wird enorm wachsen, wenn es jeden Tag zwischen 16 und 24 Stunden Licht bekommt, auch wenn jede Art ihre maximale Grösse hat. Die ununterbrochene Lichtzufuhr (24 Stunden) während des vegetativen Wachstums stimuliert es ständig. Das ist umstritten. Züchter, die 18 Stunden Licht verwenden, denken oft, dass ununterbrochenes Licht unnatürlich ist oder die Pflanzen nicht schneller wachsen lässt. Obwohl es etwas unnatürlich ist (wie die Aufzucht unter Kunstlicht), gedeihen die Marihuanapflanzen – sogar die Ableger – gut unter diesem Licht. In der Tat wachsen die Pflanzen proportional schneller als in kürzeren Zyklen – 25% schneller als im 18 Stunden-Licht. Wegen der Beschleunigung des Wachstums benötigen die Pflanzen mehr Wasser und Kunstdünger als bei kürzerer Lichtbestrahlung. Auch benötigen sie mehr Kohlendioxid (siehe Kapitel 5). Falls der Züchter Probleme mit den Bedürfnissen der Pflanze bekommt, können kürzere Lichtzyklen Abhilfe schaffen.

Im Freien nimmt die Länge der Nacht nach dem 21. Juni langsam zu. Jede Nacht dauert 2–5 Minute länger als die letzte. Am schnellsten verändert sich die Länge in nördlichen Gebieten. Ende Juli, Anfang August werden die Tage kurz genug, um die Blüte von Marihuana auszulösen. Bei der Zucht in geschlossenen Räumen kann man dieses allmähliche Längerwerden der Nächte simulieren. Als Züchter kann man dann die Länge des Tages pro Woche um circa eine halbe Stunde reduzieren, angefangen bei 14 Stunden (14 Stunden Licht, 10 Stunden Dunkelheit). Die Länge der Tage wird dann reduziert, bis 12 Stunden Licht und 12 Stunden Dunkelheit erreicht sind.

Obwohl Marihuana wie gerade beschrieben gezüchtet werden kann, hat dies nur wenige Vorteile. Die Blüten zum Beispiel vergrössern sich dabei nicht. Nur die Dauer der Blüte wird dadurch verlängert.

Werde nicht »kritisch«!

Jede Sorte Marihuana hat eine »kritische Nachtlänge« (in der Gartenbau-Literatur wird das »Kritische Tageslänge« genannt). Das ist die genaue Anzahl von Stunden der Dunkelheit, die das Marihuana braucht, um vollständig zu reifen. Im Freien unter natürlichem Licht, wird dieser Punkt etwa in der 6. Woche einer 8-wöchigen Reifezeit der Blüte erreicht. Das Marihuana wird anfangen in den kürzeren Nächten zu blühen, aber nicht zur vollen Blüte gelangen. Wenn zum Beispiel die Nacht 11 Stunden und 30 Minuten dauert, ist das die »kritische Nacht«, d.h. die Mindestdauer der Dunkelheit, die sie braucht, um zur vollen Reife zu gelangen. Die kritische Nachtlänge dieser Pflanze beträgt 11 Stunden und 30 Minuten.

Wenn man will, kann man die kritische Nachtlänge und jede Phasenlänge von Licht und Dunkelheit herausfinden, die von einer besonderen Marihuana-Art gebraucht wird. Aber nur in wenigen Fällen ist es nötig, so genau zu sein. Fast alle Arten von Marihuana reifen, wenn Tag und Nacht gleich lang sind (12 Stunden). Der Grund, warum die »kritische Nachtlänge« nicht so kritisch ist, liegt darin, dass Marihuana schneller blüht als in der genauen Zahl von Stunden der Dunkelheit, die für das Blühen notwendig sind. Untersuchungen zeigen, dass bis zu 15 Stunden Dunkelheit den Reifeprozess beschleunigen. Mehr Informationen darüber folgen im Kapitel »Kunstlicht« (Kapitel 2).

Die kritische Nachtlänge von Marihuana ist wichtig für einige Treibhaus-Situationen, wie zum Beispiel bei der Frühjahrsernte, die in Kapitel 3 besprochen wird. Es ist auch hilfreich die Nachtlänge bestimmter Arten von Marihuana zu kennen, die eine Ausnahme beim 12-stündigen Hell-Dunkel-Rhythmus bilden. Ein Beispiel dafür ist die Marihuana-Sorte namens »Williams Wunder«, eine sehr früh blühende Art, die meistens in nördlicheren Gebieten im Freien angebaut wird. Untypischerweise für eine früh reifenden Sorte braucht jedoch »Williams Wunder« sehr intensives Licht, um zu blühen. Züchter, die in Innenräumen arbeiten, waren von dieser Art bei der Aufzucht unter Kunstlicht enttäuscht. Wenn man den Standard-Blüte-Rhythmus anwendet, sind die Duftblüten belaubt und der Ertrag ist niedrig. Durch die Kenntnis der kritischen Nachtlänge dieser Art, kann der Züchter seinen Ertrag unter Kunstlicht verbessern. Diese Art braucht $13^1/_2$ Stunden Licht pro Tag und reift dabei aus (die kritische Nachtlänge ist $10^1/_2$ Stunden Dunkelheit). Falls man noch mehr Licht zuführt, wird das Wachstum dieser Art proportional gesteigert.

Marihuana-Erzeuger haben Techniken zur Erzwingung der Blüte für alle Anbausituationen entwickelt, sei es unter Kunstlicht, im Freien oder in einem Treibhaus. Neben dem Ziel des höchsten Ertrages, haben sie versucht, mögliche Diebe zu täuschen oder die Entdeckung zu verhindern. Diese Techniken sind für gewöhnlich weder kostspielig noch schwer zu beherrschen.

Züchter, die zum Beispiel Kunstlicht verwenden, arbeiten immer mit einer

Technik der Zwangsblüte. Viele dieser Züchter kennen jedoch nicht das volle Potential der Kontrolle der Photoperiode, von der einige Aspekte in den folgenden Kapiteln untersucht werden.

2

Kunstlicht

Die meisten, die versuchen, Marihuana drinnen unter Kunstlicht zu züchten, sind sich im Klaren, dass der Lichtzyklus angepasst werden muss, um die Pflanzen zum Blühen zu veranlassen. Züchter lassen das Licht 18–24 Stunden lang an, wenn ihre Pflanzen im vegetativen Wachstumsstadium sind. Mit einer einfachen Zeitschaltuhr kann der Hell-Dunkel-Rhythmus dann auf jeweils 12 Stunden eingestellt werden. Nach ungefähr 2 Wochen werden die ersten Blüten reif genug sein, um das Geschlecht der Pflanze zu zeigen. So leicht ist das. Belässt man es bei dieser Einstellung, kann das Marihuana 6–10 Wochen später geerntet werden. Mit Blick auf das Licht muss der Züchter nur darauf achten, dass das Marihuana während der 12-stündigen Nachtphase in absoluter Dunkelheit ist. Streulicht von offenen Türen oder Fenstern wird die Pflanzen mit Sicherheit vom Blühen abhalten.

Trotzdem gibt es viele Fragen, die das Blühen von Marihuana unter Kunstlicht betreffen, die der Erörterung lohnen. Das Gärtnern mit Hilfe von Kunstlicht hat sich Hand in Hand mit anderen vortschrittlichen Anbaumethoden entwickelt wie zum Beispiel die Technik des »Grünen Ozeans«, bei der die Pflanzen, um höchsten Ertrag innerhalb des kürzesten Zeitraums zu bringen, dicht gesetzt werden.

Hydrokulturen der einen oder anderen Art sind bei der Zucht in geschlossenen Räumen am beliebtesten. (CO_2-Gas kann auch verwendet werden, um das Wachstum der Blüten zu beschleunigen.) Man kann mit einem verhältnismässig einfachen System alle 8–10 Wochen eine Ernte produzieren.

Alle diese oben erwähnten Techniken, sogar die einfache Aufzucht von Pflanzen unter elektrischem Licht, sind in bezug auf die Gartenbautechnologie Pionierarbeit. Diese Methoden werden für die Aufzucht von Marihuana genutzt, weil es eine Pflanze mit hohem Erntewert ist.

Für andere Pflanzen, wie legale Blumen oder Gemüse, müssen diese Techniken sehr überlegt eingesetzt werden, da sie sehr kostenintensiv sind. Wenn man sie geschickt bei der Marihuana-Zucht einsetzt, machen die Unkosten nur einen kleinen Prozentsatz des Wertes der Ernte aus.

Züchter müssen für den Anbau von Marihuana keine teuren Systeme kaufen. Sogar Neonlicht kann verwendet werden, wenn die Pflanzen für diese Art von Licht empfänglich sind. Der Schlüssel liegt darin, das Marihuana zum richtigen Zeitpunkt zur Blüte zu bringen. Wie und wann Marihuana zum Blühen gebracht

Ein grosser, geschlossener Zuchtraum mit 400 Watt Strassenlampen.

wird, ist entscheidend für die Qualität der Ernte, besonders unter Kunstlicht. Jeder Züchter, der Pflanzen unter Kunstlicht kultiviert, kontrolliert das Wachstum der Blüte. Die Anwendung der Techniken entscheidet darüber, wie rasch es zur Ernte kommt und auch wie hoch die elektrische Rechnung sein wird.

Obschon im Verhältnis zum Wert der Ernte eher gering, sind die Unkosten des Anbaus unter Kunstlicht doch von Bedeutung. Bei den gegenwärtigen Elektrizitätspreisen summieren sich die Kosten bei falscher Anwendung des Lichts rasch. Wir wollen dies in Erinnerung behalten und einen Blick darauf werfen, wie Marihuana-Züchter Kunstlicht einsetzen.

Das am häufigsten beim Marihuana-Anbau benutzte Licht stammt von Neonröhren, Metallhalogenlampen (Quecksilberdampflampen) und Lampen mit hochverdichtetem Natriumdampf. Jede Lampe tut dabei das ihre beim Marihuana-Anbau.

Doch sogar mit dem stärksten elektrischen Licht bekommen die Pflanzen nur $^1/_8$ bis $^1/_4$ des Lichts eines sonnigen Sommertages im Freien. An einem heissen, klaren Sommertag können Pflanzen bis zu 1100 Lux (Lux = Mass für Lichtstärke) Licht bekommen. Drinnen, bei einer Natriumdampflampe mit hoher Intensität sind es nur ungefähr 180–280 Lux.

Marihuana wird auch bei 75 Lux wachsen, aber nicht besonders kräftig. Das Minimum für eine gute Ernte sind 140 Lux. Das ist die Intensität des Lichts direkt unter einer Leuchtstoffröhre.

Niedere Licht-Intensität kann auf verschiedene Weise ausgeglichen werden. Eine übliche ist, dass die Züchter ihre Pflanzen sehr lange dem Licht aussetzen, (18–24 Stunden), wenn sie in der vegetativen Wachstumsphase sind. Da während des Blühens lange Licht-Perioden nicht möglich sind, verwenden manche Züchter in dieser Zeit zusätzliche Lichtquellen. Den »Garten« mit reflektierenden Oberflächen auszurüsten ist eine andere Methode, um sicherzustellen, dass alles verfügbare Licht genutzt wird. Spiegelfolie, Alufolie und weisse Farbe werden für gewöhnlich dazu an den Wänden rund um die wachsenden Pflanzen verwendet.

Ein zweistöckiges, neonbeleuchtetes System mit Pflanzen in voller Blüte.

»Grüner Ozean«

Eine andere Methode, um eine niedrige Intensität des Lichts auszugleichen, ist die Züchtung von Pflanzen, die viel kleiner als normal sind. Züchter haben sich zu Nutze gemacht, was als Methode »Grüner Ozean« bekannt geworden ist, um die Erträge auf dem gleichen Niveau zu halten. Bei dieser Methode stehen die Pflanzen dicht zusammen und die Blüte beginnt, wenn das Marihuana noch jung ist.

Wie jung die Pflanzen sind, wenn die Blüte beginnt, hängt vom Licht ab. Bei fluoreszierendem Licht sollten die Pflanzen bei der Reife höchstens 46 Zentimeter hoch sein, weil das nötige Licht nur bis zu dieser Grösse den Pflanzen-Baldachin durchdringt. Marihuana, das unter fluoreszierendem Licht bis zur Reife gewachsen ist, kann innerhalb von 30 Tagen nach dem Spriessen zur Blüte gebracht werden. Die Pflanzen sind oft nur 15–20 Zentimeter hoch, wenn sie zu blühen beginnen.

Unter Metallhalogen- oder Natriumdampflampen werden Pflanzen oft schon bei einem Meter Grösse oder weniger geerntet. Wieder hat es den Grund, dass ausreichendes Licht nur bis zu dieser Grösse gewährleistet ist, besonders wenn die Pflanzen eng zusammen stehen. Das Blühen wird eingeleitet, wenn die Pflanzen 15–45 Zentimeter gross sind, je nachdem wie dicht sie stehen.

Züchter, die Natriumdampflampen oder Metallhalogen (Hochintensive Entladungslampen) benutzen, haben genaue Vorgaben bezüglich der Fläche, wenn sie die Blüte anregen wollen. Wenn die Pflanzen etwa einen Umfang von 15 Zentimetern haben (etwa 36 pro Quadratmeter) und die Fläche, die durch ein 1000 Watt Natriumdampflampe beleuchtet wird, etwa 2,5 Quadratmeter oder ca. 100 Pflanzen umfasst, liegt der Ertrag bei dieser Technik bei bis zu 1132 Gramm geschnittener Blüten. Das ist eine sehr intensive Anwendung der Methode »Grüner Ozean«, und sie erfordert eine fortwährende Produktion von Ablegern, automatische Bewässerung und eine gute Lüftung.

Eine Einrichtung für die Methode »Grüner Ozean« mit ungefähr fünfzig Pflanzen pro Quadratmeter. Die meisten dieser Pflanzen waren bei der Ernte kleiner als 60 Zentimeter.

Andere Züchter bevorzugen eine weniger intensive Anwendung der Methode »Grüner Ozean« mit nur zehn Pflanzen pro Quadratmeter. In diesem Fall wird die Blüte gefördert, wenn die Pflanzen eine Höhe von 30–45 Zentimeter erreicht haben. Bei dieser Höhe haben die Pflanzen begonnen, Äste auszubilden, und der Hauptstamm wird dicker. Wenn die Grösse der letzten Staude (die Haupt-Blume einer unbeschnittenen Pflanze) mit dem Umfang des Stammes im Verhältnis steht, ist das ein wünschenswertes Zeichen.

An den Zweigen bilden die Pflanzen überall, wo ausreichend Licht zur Verfügung steht, weitere Blüten. Grössere Pflanzen brauchen circa 7–14 Tage länger, um heranzuwachsen, aber es braucht insgesamt gesehen viel weniger Arbeit als bei der oben beschriebenen, besonders intensiven Methode. Ernten von etwa 700 Gramm sind typisch für eine gutfunktionierende Anordnung wie diese.

Man kann auch grössere Pflanzen als die oben erwähnten züchten, aber bei der Blüte bekommen die tieferliegenden Zweige nicht genug Licht. Hochintensives Licht reicht gut circa 90 Zentimeter in den Blätterwald der Pflanzen hinein, aber Blüten, die weiter entfernt sind, bleiben klein, falls sie sich überhaupt ausbilden. Zu beachten ist, falls grössere Pflanzen gezüchtet werden sollen, dass Elektrizität verschwendet wird, weil der Gesamtertrag sich nicht vermehrt. (Siehe das Bild auf der nächsten Seite.)

Ein anderer Grund, weshalb ein Züchter die weniger intensive Variante der »Grüner Ozean«-Technik wenigstens in Amerika wählt, ist durch das Gesetz und nicht die Gartenbautechnik bestimmt.

Es gibt keinen Zweifel daran, dass diese Methode funktioniert. Aber in den Vereinigten Staaten zumindest werden von Staates wegen keine Preise für die besten Anbaumethoden verteilt. Private Züchter wenden daher eine Variante dieser Methode an, um die Zahl der Pflanzen zu beschränken.

Mehr als hundert Pflanzen, Ableger eingeschlossen, zu züchten wird eher als ein Verstoss gegen die Bundesgesetze eingestuft und hat unweigerliche Folgen. Die Strafe für Ersttäter mit über hundert Pflanzen liegt bei zwei Jahren Kerker (jedes weitere Hundert bedeutet ein Jahr mehr). Die Bundesbehörden können auch Menschen mit weniger als hundert Planzen verfolgen, überlassen aber in der Regel die kleinen Fische den örtlichen Behörden.

Die einzige gute Nachricht ist, dass die Bundesbehörden nicht mehr jede Pflanze als ein Kilo zählen, sondern als hundert Gramm. Angesichts der Tatsache, dass bei dieser Technik eine Pflanze 10 bis 25 Gramm bringt, ist das Ganze immer noch fern der Realität. – Auf 60'000 und mehr Pflanzen steht seit 1995 die Todesstrafe. Man muss also aufpassen, nicht der Erste zu sein.

Ein »Grüner Ozean« mit zehn Pflanzen pro Quadratmeter, auch aus Ablegern gezüchtet.
(Auf der nächsten Abbildung sieht man sie blühen.)

Zehn Pflanzen pro Quadratmeter mit einer maximalen Höhe von
75 Zentimetern in voller Blüte.

Diese vier Pflanzen sehen gut aus. Aber man beachte das Fehlen von Blüten am unteren Teil der Pflanzen.

Aufzuchtsysteme und mehrfache Ernten

Manche Züchter ernten alle 2 Monate Marihuana. Sie erreichen diese Erntehäufigkeit durch das Einrichten von 2 oder mehr Anbauräumen oder Systemen. Einzige Bedingung ist, dass das Licht nicht von einem System in das andere fällt. Ein System, das nur weibliche Pflanzen produziert, muss folgende Anforderungen erfüllen: Es muss etwa 1,2 Meter lang sein, zwei fluoreszierende, im Handel erhältliche Lichtquellen haben und eine Regaltiefe von ungefähr 45 Zentimeter. Eine Einrichtung wie diese kann man zur Schnittlingsproduktion (siehe weiter unten) und für das Pflanzenwachstum benutzen. Marihuanapflanzen werden darin 18–24 Stunden unter Licht gehalten, bis sie blütefähig sind. Dieses System ist leistungsstark genug, um eine 1000 Watt Blüte-Kammer abzugeben.

Anordnungen mit fluoreszierendem Licht haben einige Vorteile gegenüber einem 250 oder 400 Watt Metallhalogen-System. Richtig ist, dass sie mehr Strom brauchen, aber jede Röhre kann einzeln an- und abgeschaltet werden. Einrichtungen mit elektronischer Steuerung sparen ungefähr 15% an Energie, und sind viel leichter und einfacher zu transportieren, als herkömmliche Röhren. Ein anderes Plus ist, dass diese Anlagen sehr billig sind. Das Licht von fluoreszierenden Röhren ist kalt und wird die Pflanzen nicht verbrennen. Ausserdem ist es gleichmässig über die Länge der Röhren verteilt, so dass viele Pflanzen unter eine Lampe passen. Die billigen, kühl-weissen Röhren produzieren sehr viel blaues Licht, das eine gute, buschige Pflanze bis zu ungefähr 45 Zentimeter Höhe wachsen lässt. (Vollspektrum-Röhren sind besser für Ableger und Röhren mit warmweissem Licht sind am besten für die Blüte.)

Ein Raum für das vegetative Wachstum könnte etwa 1,2 Quadratmeter gross sein und von einem 400 Watt Metallhalogen-Licht beleuchtet werden. Ein 250 Watt-Metallhalogenlicht versorgt einen knappen Quadratmeter ausreichend mit Licht. Metallhalogen ist ein sehr blaues Licht, das beim vegetativen Wachstum gebraucht wird. Auch Ableger entwickeln sich gut in diesem Lichtspektrum. Dieses hochintensive Licht ist sehr heiss und muss circa 50 Zentimeter von den Pflanzen entfernt sein. Die Tage sind lang in diesen Wachstums-Kammern. Das Licht leuchtet 18–24 Stunden pro Tag. Um so mehr Licht, um so schneller das Wachstum. Die Wände sollten mit Alufolie oder Spiegelfolie verkleidet werden, um alles Licht an die Pflanzen weiterzugeben. Sie bleiben hier, bis die Hälfte von ihnen circa 45 Zentimeter misst, um dann in die Blüte-Kammer zu kommen.

Diese sollte ungefähr 1,2 x 2,4 Meter gross sein und sollte mit zwei 400 Watt oder einer 1000 Watt Natriumdampflampe ausgestattet sein, die leicht zu bewegen ist. Das rötliche Spektrum dieser Lampen stimuliert die Produktion der Blüten. Die Photoperiode in der Blüte-Kammer dauert für gewöhnlich 12 Stunden, die von 12 Stunden ununterbrochener Dunkelheit abgelöst werden. Wann es an und abgeschaltet wird, liegt im Ermessen des Züchters. Während der Dunkelphase muss die Blüte-Kammer von allen Lichtquellen völlig abgeschirmt sein.

Eine Erwägung in bezug auf den Einsatz von elektrischem Licht ist, dass Infrarot-Sichtgeräte manchmal von der Polizei und den Energiegesellschaften benutzt werden, um einen erhöhten Energieverbrauch (gemessen an der Hitzeentwicklung) zu entdecken. Diese Geräte sind bei Tageslicht weniger wirksam.

Eine Anordnung mit Behältnissen zum Wachsen und Blühen hat in einem Raum von 3 auf 3 Metern Platz. In solch engen Verhältnissen ist es wichtig, dass kein Licht während der Dunkelphase in die Blüte-Kammer eindringt. Ausserdem müssen die Pflanzen immer dann frische Luft haben, oder besser noch Kohlendioxid (siehe weiter unten), wenn die Lampen brennen.

Die hier beschriebenen Anordnungen sind für die Einzel-Blüte und das Wachstum einer Einheit ausgelegt. Weitere Einheiten können wie Module leicht hin-

Eine Einrichtung mit Leuchtstoffröhren für den Anfang.

zugefügt werden. Obschon eigentlich nur der Himmel eine Grenze darstellt (in bezug auf das Hinzufügen von Einheiten), muss man doch immer professioneller werden, je mehr Einheiten man hinzufügt. Anforderungen wie zum Beispiel Elektrizität, Wärme-Ableitung, Geruchskontrolle und das verfügbare Kohlendioxid begrenzen oft die Grösse eines Systems an einem bestimmten Ort.

Im folgenden ein paar Hinweise für alle diejenigen, die diese Einrichtungen zur mehrfachen Ernte als einen Hort der Insekten-Pest betrachten, die schon vielen Brutstätten den Garaus gemacht hat. Die schlimmsten, Spinnmilben, Weisse Fliegen und Blattläuse, können von den Pflanzen ferngehalten werden, indem man für gute Belüftung sorgt. Andere Tips um Insekten fernzuhalten sind: Das Reinigen der Gewächshäuser zwischen den Ernten (eine Tasse Wasserstoff-Peroxyd auf fünf Liter Wasser); Filter in die Luftzufuhr einbauen; Haustiere fernhalten; alles Pflanzenmaterial gründlich untersuchen, bevor es in diese Räume kommt; Arbeiten im normalen Garten vermeiden, bevor man die Cannabis-Plantage betritt.

Einige Züchter haben ständige Ernte-Räume, wo Pflanzen immer dann hin-

Eine Einrichtung zur Aufzucht von Ablegern.

gebracht werden, wenn sie zur Blüte bereit sind, und nie alle auf einmal. Insekten können da wirklich zu einem Problem werden. Denn weil immer Pflanzen in diesem Raum sind, kann er zwischen den Ernten nicht stillgelegt und gereinigt werden. Diese Züchter benutzen oft nützliche Insekten, um die schädlichen wie zum Beispiel Milben zu kontrollieren. Nützliche Insekten sind für gewöhnlich sehr hilfreich, wenn das Problem früh genug entdeckt wurde. Mit diesen Insekten wird man aber Weisse Fliegen nie tatsächlich los, und die neigen periodisch dazu, in Scharen aufzutreten. Klar definierte Erntezeiten zu haben und dazwischen Zeit für eine Reinigung, ist daher die eindeutig bessere Alternative. Lästige Insekten zu beseitigen ist viel einfacher, wenn die Pflanzen noch jung sind oder im Stadium des Beschneidens, weil dann viel weniger Planzenmaterial behandelt werden muss.

Längere Nächte

Der Hell-Dunkel-Rhythmus von 12 Stunden kann auch verändert werden, wenn es der Blüte hilft. Weniger als 12 Stunden Licht, wenn sich die Blüten erst einmal gebildet haben, wird hilfreich sein, sie zur Reife zu bringen. Einige Züchter dehnen die Nächte der letzten 4 Wochen vor der Blüte auf 13–14 Stunden aus, besonders dann, wenn sie schwierige Arten wie thailändisches oder kambodschanisches Marihuana züchten.

Das hilft bei der Reifung der Blüten, doch da die Blüten weniger Licht bekommen, werden sie nicht so gross.

Wenn man diese Technik benutzt, muss man darauf achten, dass die Pflanzen während des »Tageszyklus« mehr Licht bekommen. Züchter, die ein 1000 Watt Metallhalogenlicht benutzen, können zum Beispiel noch eine 400 Watt Natriumdampflampe hinzufügen, um die »sehr kurzen Tage« zu simulieren. Wenn dieser Rhythmus der langen Nächte von 14 Stunden 4–5 Wochen in die Blütezeit hinein durchgehalten wird, werden die Blüten bis zu 18 Tage früher reifen.

Die unterbrochene Photoperiode

Einige Arten des Marihuanas pendeln zwischen vegetativem Wachstum und Blüte hin und her. Diese Pflanzen kann man für gewöhnlich leicht »klonen« oder sogar während des Blühens leicht zurück in das Stadium des vegetativen Wachstums bringen.

Viele dieser Arten sind tropisch oder Hybride aus tropischen Gebieten und Vorfahren aus gemässigteren Regionen. Thailändische und jamaikanische Arten sind zum Beispiel bekannt dafür, diese Eigenschaft zu haben. Viele der

Blattläuse auf einem Spaziergang.

Die Änderung der Photoperiode hat bewirkt, dass eine neue Blüte am Ende des Haupttriebes wächst.

Zwei Pflanzen, die einer Änderung der Photoperiode ausgesetzt wurden, kurz vor der Ernte.

Hybriden, die aus diesen und weniger tropischen Arten, wie etwa afghanischen, erzeugt werden, zeigen dieselbe Eigenschaft.

Züchter, die Kunstlicht verwenden, haben berichtet, diese Pflanzen zwei- oder sogar dreimal in Folge zum Blühen bringen zu können, ohne die Pflanzen zurückzuschneiden. Statt neue Pflanzen zu ziehen, so berichten diese Züchter, können sie ihre Pflanzen zu einem mehrfachen Blühen bringen. Das erreichen sie durch eine Veränderung der Photoperiode.

Das Marihuana wird während Wochen mit dem Standard-Rhythmus von 12 Stunden Licht und 12 Stunden Dunkelheit zur Blüte gebracht. (Die Blüten sind dann gut ausgebildet aber noch unreif.) Danach werden die Pflanzen für eine Periode von 3 Wochen ununterbrochen (24 Stunden) dem Licht ausgesetzt. Während dieser drei Wochen werden die ersten Blüten reifen und die Pflanze wird neue Triebe bilden.

Das Marihuana wird dann noch einmal dem Blüte-Rhythmus ausgesetzt. Diese Zeit erlaubt der Pflanze zu reifen, oder, falls der Hauptstamm gut gebildet ist, kann der Kreislauf wiederholt werden.

Kleine Pflanzen, die unter Kunstlicht gewachsen sind, tragen die grösste Staude für gewöhnlich an der Spitze des Hauptstammes. Das wird »Spitzen-Dominanz« genannt. Bei kleinen Marihuana-Pflanzen kann diese Blüte die Hälfte des Ertrages gemessen am Gewicht der Pflanze betragen.

Für eine erfolgreiche, permanente Blüte ist es notwendig, dass der Hauptstamm einen festen neuen Trieb bildet. Bei den entsprechenden Arten kann diese Technik sehr wirksam sein und Blüten von 25%–50% der Grösse der anfänglichen Blüte hervorbringen.

Gemessen an der Zeit, die es braucht, um neue Pflanzen zu ziehen, kann diese Technik den Züchtern Monate einsparen.

Andere Veränderungen des Blüte-Kreislaufs können sogar das Gewicht der Ernte steigern. Denn einige Tage ununterbrochenen Lichts zwischen der vierten und fünften Woche der Blüte stimuliert viele Arten von Marihuana, mehr Blüten zu produzieren. Normalerweise wäre die Produktion neuer Blüten dann abgeschlossen und jeder Blütenkelch finge gerade an zu reifen. Die Veränderung der Photoperiode scheint die Produktion von Blüten wieder neu zu stimulieren und damit das Gewicht der Ernte bei einigen Arten um 10% oder mehr zu steigern. (Die Zeit der Ernte wird dadurch um ungefähr eine Woche verschoben.) Da der Hell-und Dunkelrhythmus einen sehr grossen Effekt auf Marihuana-Pflanzen hat, sind diese Veränderungen der Photoperiode ein fruchtbares Gebiet für die Forschung.

3

Mehrfachernte in einem Treibhaus

Die Blüte im Treibhaus auszulösen ist wohl verstanden eine Methode, die sowohl bei Marihuana als auch bei legalen Blumen angewandt wird. Die dazu nötigen Geräte und Materialien kann man bei vielen Firmen bekommen, die Gerätschaften für die Treibhaus-Aufzucht verkaufen, oder sie können in den meisten guten Eisenwarenhandlungen erstanden werden. Züchter, die Marihuana in Treibhäusern kultivieren, erzielen oft mehrere Ernten pro Jahr (nicht nur eine im Herbst). Das wird für gewöhnlich durch die Techniken der Blütensteuerung erreicht, durch einen Prozess, der manchmal »Licht-Deprivation« genannt wird. Schwarze Vorhänge werden dazu verwandt, die Nächte zu verlängern, was das Marihuana dazu bringt zu blühen.

Wie im ersten Kapitel erwähnt, war der Treibhaus-Hanf Gegenstand erster Experimente, die beweisen sollten, dass einige Pflanzen dazu gebracht werden können, ausserhalb ihrer Jahreszeit zu blühen. Im Falle von Marihuana kann das auf zwei Weisen geschehen, mit Verdunkelung oder ohne. Die Periode, in der die Pflanzen keine Dunkelheit brauchen, schliesst die gewöhnliche Erntezeit im Herbst mit ein, aber auch die Winter- und Frühlingsmonate.

Freie Blüte

Marihuana wird in einem Treibhaus von Mitte August bis Mitte März des folgenden Jahres von selbst blühen. (Beachte: Südlich des Äquators sind die Zeiten anders als im Norden, das heisst Mitte Februar bis Mitte September.) Die genauen Zeiten sind abhängig von der Art des Marihuanas, die gezüchtet wird. Zu anderen Zeiten kann Marihuana durch den Einsatz der Methode der Verdunklung zum Blühen gebracht werden, die wir nun erläutern wollen.

Zwischen Mitte August und Mitte März wird Marihuana auch im Treibhaus blühen, selbst wenn es sehr jung oder sogar jünger als 3 Wochen ist. Alle Pflanzen, die in dieser Zeit im Treibhaus sind, werden sofort blühen, es sei denn, die Pflanzen bekommen während des Nacht-Zyklus' Licht. Ein wenig Licht – 60 Watt reichen zum Beispiel aus – hindert Marihuana an der Blüte.

Züchter, die in der Lage sind, im Winter Marihuana zu ernten, nutzen dies manchmal, um ihr Marihuana an der Blüte zu hindern, mindestens solange bis die Pflanzen gross genug sind, um einen guten Ertrag zu bringen. Das kann man leicht mit einigen Glühbirnen erreichen (60 Watt auf etwa 4,5 m^2), wenn sie nach Einbruch der Dunkelheit für einige Stunden brennen. Da Marihuana so lichtempfindlich ist, reicht dies aus, um die Pflanze am Blühen zu hindern. Wenn das Marihuana die gewünschte Grösse erreicht hat, lässt man die Lampen weg und die Blüte wird beginnen.

Ein Tip für jene, die Marihuana im Fenster in ihrem Haus züchten: falls das Marihuana im Herbst und in den Wintermonaten blühen soll, darf kein Licht während der Nacht die Pflanze stören. Der Grund, warum Pflanzen in einer natürlichen Umgebung oft nicht blühen, liegt darin, dass sie in der Nacht von einer Lichtquelle beschienen werden. Sogar schwaches Licht reicht aus, die Blüte zu beeinflussen.

Der »Grüne Vorhang«

Gelegentlich um die Tagundnachtgleiche im Frühjahr, am 21. März, werden die Tage zu lang für Marihuana, um ohne weiteres in einem Treibhaus zu blühen. Das genaue Datum, wann eine Pflanze zum Wachstumszyklus zurückkehrt, wird von dem Breitengrad, auf dem das Treibhaus liegt, und der Art des gezüchteten Marihuanas bestimmt. (Siehe die Tabelle weiter hinten in diesem Kapitel.)

Die Länge von Tag und Nacht hängt von der Neigung der Erde auf ihrer Achse ab. In der Nähe des Äquators ist die Länge der Tage im Verlauf vom Jahr ziemlich gleichbleibend (11–14 Stunden). Um so weiter wir uns vom Äquator entfernen, um so grösser der Unterschied zwischen Tages- und Nacht-Längen im Winter und Sommer.

Sogar während der langen Tage des Frühjahrs und Sommers kann Marihuana in einem Gewächshaus zum Blühen gebracht werden. Das Geheimnis, um Pflanzen in einem Gewächshaus zur künstlichen Blüte zu bringen, liegt in einer Abdeckung (für völlige Dunkelheit), mit der die Nächte künstlich verlängert werden können. Diese Abdeckung besteht aus lichtdichtem Material, mit dem zu bestimmten Zeiten das Marihuana zugedeckt wird.

Schwarze Kunststofffolien von 6 Millimeter Stärke oder mehr werden für gewöhnlich dazu verwendet. Jedes Material, das das einfallende Licht vollständig zurückhält, ist dafür geeignet. Nylon-Planen oder lichtundurchlässige Rollos sind zwei andere Möglichkeiten für Züchter. Manche benutzen grosse Pappkartons oder bringen ihre Ernte auf Rädern in einen dunklen Raum, wie zum Beispiel einen fensterlosen Schuppen.

Das Herbeiführen der künstlichen Blüte durch den Entzug von Licht ist eine in der kommerziellen Blumenindustrie weitverbreitete Technik. Deswegen sind auch viele hervorragende Gewebe zu diesem Zweck entwickelt worden. Einige dieser Gewebe sind so gefertigt, dass sie übermässige Hitze von den sich entwickelnden Blumen fernhalten. Andere Stoffe dienen der »Atmung«, indem sie Luft durchlassen, aber kein Licht. Diese Stoffe bekommt man von Fimen, die Ausstattungen für Pflanzschulen führen. Verdunkelungssysteme, die sich speziell für das Erzwingen der künstlichen Blüte eignen, stehen für viele übliche Gewächshausgrössen zur Verfügung.

Eine kleine, kommerziell produzierte Einrichtung nennt sich »Grobot« und hat ein Vorhang-System, das mit einer Zeitschaltuhr verbunden ist. Um die Tage zu verkürzen und damit die Blüte herbeizuführen muss der Züchter nur die Zeitschaltuhr einstellen, so wie jeder, der mit Kunstlicht arbeitet. Diese Einrichtung besitzt einen Motor für den Vorhang, der sich wie die Haube über einem Kinderwagen entfaltet. Die meisten Arten von Marihuana werden blühen, sobald sie jede Nacht ungefähr 12 Stunden ununterbrochene Dunkelheit haben. Auch im Hochsommer, wenn die Nächte kürzer sind (etwa $10^1/_2$ Stunden oder weniger in den gemässigten Zonen), kann der Grobot programmiert werden, um für die nötige Dunkelheit zu sorgen. Ein neues, einfacheres Modell des Grobot wird bald auf dem Markt sein. Der Grobot zeigt, dass das Erzwingen der künstlichen Blüte im Treibhaus automatisiert werden kann. Der Grobot kann auch im Freien benutzt werden und ist auch mit einer Stromversorgung aus Solarzellen lieferbar.

Eine Frühlings-Treibhausernte. Man beachte die schwarzen Vorhänge – ein entscheidendes Zubehör für den ganzjährigen Anbau.

Eine »weglaufende Blüte«. Diese Gewächshauspflanze war während des Nachtzyklus Licht ausgesetzt, was gleichzeitig zur Blüte und zum vegetativen Wachstum geführt hat.

Dieser Grobot enthält zehn Pflanzen.

Um Marihuana in einem Treibhaus zur Blüte zu zwingen, sind Züchter besonders darum bemüht, einen lichtdichten Raum für ihre Pflanzen einzurichten. Da sich dieser lichtdichte Raum öffnen lassen muss, um Licht hereinzulassen, und schliessen, um die Nacht zu simulieren, werden die Abdeckungen gewöhnlich aufgehängt. Aufhängungen, an denen man die Vorhänge befestigt, sind leicht zu bauen. Dünne Metallseile und Vorrichtungen, um sie straff über dem Treibhaus zu spannen, bekommt man in vielen Eisenwarenhandlungen. Die Vorhänge können mit den Seilen durch Ösen oder die Haken von Duschvorhängen verbunden werden.

Eine andere einfache Methode der Abdunklung von Marihuana ist, eine Art von Gerüst um die Pflanzen herum aufzubauen und die Plane oder den Stoff dann darüberzuziehen. Jede Art von Stange, aus Bambus oder Holz, kann für dieses Gerüst benutzt werden. Dieses System ist am leichtesten zu installieren, aber in der Praxis am umständlichsten zu handhaben.

Es gibt auch professionelle Systeme zur Blütensteuerung für Treibhäuser, die allerdings für die meisten Marihuana-Züchter zu gross scheinen. Zudem erfordern die meisten Systeme, dass die Abdeckungen von Hand bewegt werden. Da viele der kommerziell genutzten Gewächshäuser sowieso arbeitsintensiv sind, ist dies nicht wirklich ein Problem. Doch kann mit beweglichen Abdeckungen auch einiges schiefgehen. (Siehe Bilder im Farbteil.)

Automatisierte Abdeckungen oder Vorhänge, die sich durch eine Zeitschaltuhr öffnen oder schliessen lassen, sind seit neuestem auf dem Markt erhältlich. Kleinere System benutzen Vorhangstangen, die die Abdeckung aufrollen, und kosten nicht gerade wenig. Dafür öffnen und schliessen sie zu der gemau vorgegebenen Zeit, die es zum Blütenzwang braucht, die Vorhänge. Züchter mit etwas Geschick werden keine Probleme haben, solche Vorrichtungen für ihren Zweck passend zu machen.

Das Bedürfnis nach einem automatischen Abdunklungs-System deutet auf die Kehrseite der künstlichen Blüte in einem Treibhaus hin, denn, falls es nicht automatisch geschieht, müssen die Abdeckungen zweimal täglich für 6 bis 8 Wochen von Hand bewegt werden. Jeder Tag, an dem man es vergisst, hat Auswirkungen auf die Blüte. Die Pflanzen treiben mehr und wachsen weniger dicht, wenn man die Dunkel-Perioden vergisst, obwohl ein einmaliges Vergessen pro Woche eine Ernte nicht zerstören wird. Wenn man jedoch vorhat, einen Tag auszulassen, sollte man sicher sein, dass die Vorhänge offen sind. Versäumnisse, die eher am Ende der Blüte liegen (zwischen der fünften und zehnten Woche), haben weniger Einfluss als solche, die in die frühe Blüte fallen. Einige Züchter verzichten die letzten 2 Wochen auf die Abdunklung und ernten kurz bevor die Pflanzen wieder zum vegetativen Wachstum übergehen.

Sehr lange Nächte

Einige Züchter verlängern die Nächte künstlich, bis zu 14 Stunden, um eine Ernte schneller zur Reife zu bringen. Das funktioniert gut in Treibhäusern, die am Tag intensives Licht haben.

Studien zeigen, dass sehr lange Nächte (13–14 Stunden) sehr wirksam sind, wenn man sie nach der vierten Woche der Blüte einsetzt. In den ersten vier Wochen bleibt es bei dem Zyklus von 12 Stunden Licht und 12 Stunden Dunkelheit. Das Blütengewicht ist niedrieger, wenn sehr lange Lichtperioden zu früh in der Blüteperiode eingesetzt werden (dies ist hauptsächlich eine Technik zur Reife der Blüte).

Züchter können die Zeit bis zur Ernte durch längere Nächte um bis zu 2 Wochen reduzieren. Pflanzen, die Nächten von 14 Stunden ausgesetzt waren, kehren auch nicht so schnell zum vegetativen Wachstum zurück. Man kann sogar in der letzten Woche die Abdunklung ganz weglassen, ohne grosse negative Auswirkungen befürchten zu müssen. Wenn man die Zahl der Wochen mit Dunkelphase reduzieren kann und das Marihuana reift trotzdem, dann wird die Aufzucht von künstlichen Blütenfolgen im Gewächshaus zu einem angenehmeren Unterfangen.

Kritische Nachtlänge und Frühlings-Ernten

In einem Gewächshaus ist das Kultivieren einer Frühjahrs-Marihuana-Ernte oft eine günstige Methode ausserhalb der Saison eine Ernte einzubringen. Züchter versuchen oft, die Zeit ihrer Ernten genau zu bestimmen, um sich die längeren Nächte dieser Jahreszeit zunutze zu machen. Je nachdem wann das Marihuana gesetzt wird, kann eine Abdunklung teilweise oder ganz überflüssig sein.

Dabei gibt es zwei Variable: die Art des Marihuana und der Ort, an dem das Treibhaus steht. Versuche, die Photoperiode mit dem Bedarf an Dunkelheit abzustimmen, können kompliziert werden, aber die Tabellen weiter unten könnten da hilfreich sein. Der Züchter muss allerdings entscheiden, welche die »kritische Nachtlänge« der Marihuana-Art ist, die er anbaut.

Beim Marihuana ist die kritische Nachtlänge die mindeste Anzahl von Stunden ununterbrochener Dunkelheit, die sie zur vollständigen Reifung ihrer Blüten braucht. Im Freien, in natürlicher Umgebung, wird Marihuana auch nach kürzeren Nächten blühen als es braucht, um die Pflanzen zu voller Ernte zu bringen. Die kritische Nachtlänge wird verhältnismässig spät in der Blüte erreicht (nach 6 Wochen in einem 9-wöchigen Blütezyklus).

Sowohl Freiland- als auch Treibhaus-Züchter, die eine normale Herbst-Ernte einbringen, können die kritische Nachtlänge einer besonderen Marihuana-Art leicht bestimmen. Man muss nur das Datum der Ernte und die Anzahl von Wochen, die die Blüten zur Reife brauchen, kennen. Die kritische Nachtlänge liegt bei ungefähr $^{2}/_{3}$ der Dauer des Blütezyklus. Sobald man das Datum gefunden hat, muss man einfach die Länge der Nacht am entsprechenden Ort herausfinden (siehe Tabelle). Das ist dann die »kritisches Nachtlänge« für diese Art.

Die kritische Nachtlänge ist, wie schon gesagt, hilfreich, um im Frühjahr eine Marihuanaernte im Treibhaus einzubringen. Sobald der Züchter die kritische Nachtlänge einer Art kennt, kann er oder sie das Datum während des Frühjahres festlegen, an dem diese kritische Nachtlänge erreicht wird (Anmerkung: Die Nachtlängen während des Frühjahres und Herbstes sind gleich). Nach diesem Datum wird das Marihuana Abdunklung brauchen, um zu reifen, sonst wird die Pflanze zum vegetativen Wachstum zurückkehren.

Wie man aus den Tabellen ersehen kann, werden einige Arten von Marihuana abhängig vom Ort ohne Abdunklung erst Anfang Mai blühen. Falls dann die Ernte ungefähr innerhalb einer Woche eingebracht werden kann, braucht es keine Abdunklung. Falls es zu diesem Datum noch 4 Wochen bis zur Ernte braucht, werden 2–3 Wochen Abdunklung für beste Ergebnisse sorgen. Sobald man mit Abdunklung arbeitet, sollten die Nächte 12 Stunden oder länger dauern.

Einige Hinweise zur Abdunklung

Marihuana braucht nur wenig Licht, um am Blühen gehindert zu werden. Daher bietet sich praktischerweise die Zeit, in der das Licht ohnehin schwach ist, zur Abdunklung an. Falls eine Pflanzengruppe nur bis 15 Uhr gutes Licht hat, liegt es nahe, dann mit der Abdunklung zu beginnen. Ebenso, wenn das Marihuana am frühen Morgen keine direkte Sonne hat, ist das die beste Zeit, um die Pflanzen im Dunkeln zu lassen. Die Pflanzen in vollem Tageslicht abzudecken ist gefährlich, weil die Hitze sich unter der Abdeckung staut, besonders wenn sie aus schwarzem Plastik besteht.

Die Photoperiode, die Marihuana in Gewächshäusern zum Blühen bringt, ist mit der bei Kunstlicht vergleichbar (12/12 Stunden). Sie wird die meisten Arten zum Blühen bringen. Viele Züchter gönnen ihren Pflanzen jedoch während der Blütezeit eine längere Dunkelzeit. Dreizehn oder 14 Stunden-Nächte sind es oft in den letzten 4 Wochen.

Kritische Nachtlänge verschiedener Marihuana-Sorten

Sorte	**Kritische Nachtlänge**	**Reifedatum im Freien**
Nordmexikanisch:		
Guerrero	12:00	1. Nov.
Michoacan	12:00	1. Nov.
Südmexikanisch:		
Acapulco	12:10	10. Nov.
Oaxaca	12:25	25. Nov.
Mexikanische Indica Hybriden	11:50	25. Okt.
Jamaikanisches	12:15	15. Nov.
Kolumbianisches	12:30	1. Dez.
Thailändisches	12:40	10. Dez.
Nepalesisches	11:30	15. Okt.
Hindukusch	11:30	15. Okt.
Afghanisches	11:20	10. Okt.
Marokkanisches	11:40	20. Okt.
Hybriden		
Jack Herer	11:30	15. Okt.
Haze	12:00	1. Nov.
Northern Lights	11:30	15. Okt.
Skunks (früh)	11:30	15. Okt.
Skunk 1	12:10	10. Nov.
Shiva	11:40	20. Okt.
Early Girl	11:15	10. Okt.
Big Bud	12:00	1. Nov.
Williams Wunder	10:30	10. Sept.
Early Purple	11:30	15. Okt.
M39	10:15	1. Sept.

Was auch immer für ein System der Züchter dazu benutzt, es sollte gross genug sein. Marihuana wird, besonders wenn es zur Blüte gezwungen wird, beträchtlich wachsen.

Es ist nicht ungewöhnlich für diese Pflanzen, ihre Grösse während des Blühens zu verdoppeln. Von Anfang an sollte das System gross genug sein, um nicht später alles umbauen zu müssen, wenn die Blüte in einem heiklen Stadium ist. Idealerweise sollten die Pflanzen nicht in Kontakt mit der Abdeckung kommen. Sie sollte so befestigt sein, dass sie die Pflanzen nicht berührt. Bei Kunststoff ist das besonders wichtig. Marihuanablätter, die lange mit Kunststoff in Berührung sind, werden nass, weil die Pflanzen Wasser schwitzen. Das kann zu Schimmel oder Pilzproblemen führen.

Wenn das Marihuana bei schwachem Aussenlicht vom Licht abgeschirmt wird, braucht es in den meisten Fällen keine Belüftung. Ventilatoren könnten das Abdeckmaterial in Bewegung versetzten, und Licht könnte eindringen. Völlige Dunkelheit während der Nachtperiode muss gewährleistet sein, wenn die Blütensteuerung gelingen soll. Falls die Temperaturen zu hoch sind, sollte man sie senken, bevor abgedeckt wird. (Man kann auch lüften, sobald es draussen dunkel ist.) Viele Züchter schwören auf luftdurchlässige Abdeckungen, die kein Licht durchlassen. So kann auch bei einem sehr langsamen Ventilator, die Luft durch das Gewebe fliessen und wird nicht von ihm gestaut.

Ein anderer Aspekt bei der Wahl des Abdeckmaterials ist die Farbe. Weiss oder helle Farben, die das Licht und die Hitze reflektieren, sind die beste Wahl für die Aussenseite des Vorhanges; dunkle Farben sind für die Innenseite geeignet. Das ist wichtig, weil dunkle Farben nicht reflektieren. Alles Licht, das in das Dunkel einfällt, wird nur die betreffende Pflanze schädigen. Falls man auf der Innenseite eine helle Farbe haben sollte, könnte das Licht über die gesamte Anbaufläche reflektiert werden. Plastikfolien mit einer hellen und Dunklen Seite sind erhältlich. Für den Anfang reicht schwarze Kunststofffolie von 6 Millimeter Stärke, solange sie nicht der direkten Sonne ausgesetzt ist. Sonst könnten die Pflanzen überhitzen und stark beschädigt werden. Welches Material auch immer gewählt wird, es muss lichtundurchlässig sein.

Orte, Orte, Orte

Ort und Breitengrad	**Ungefähre Nachtlänge nach Datum**			
	1.3.	**1.4.**	**15.4.**	**1.5.**
Amsterdam 53°	13:17	12:27	10:04	9:10
Barcelona 43°	12:44	11:21	10:27	9:55
Berlin 53°	13:17	12:27	10:04	9:10
Bern 47°	12:56	11:12	10:25	9:35
Frankfurt 50°	13:22	10:59	10:12	9:30
Hamburg 54°	13:15	10:59	9:59	8:53
London 52°	13:17	10:27	13:04	9:10
Moskau 56°	13:30	10:55	9:51	9:09
München 48°	13:00	11:11	10:23	9:45
Paris 49°	10:46	11:23	10:35	9:53
Wien 48°	12:58	11:09	10:21	9:43
Das Weisse Haus 39°	12:52	11:12	10:28	10:46

21.6.	1.8.	1.9.	15.9.	1.10.	15.10.
7:32	8:39	10:15	11:16	12:32	13:44
8:43	9:34	10:52	11:31	12:17	12:55
7:32	8:39	10:15	11:16	12:32	13:44
8:07	9:06	10:38	11:24	12:27	13:03
7:51	8:54	10:33	11:06	12:27	13:15
6:51	8:14	10:15	11:20	12:20	13:20
7:32	9:39	10:15	11:16	12:32	13:44
7:07	8:19	9:37	10:45	12:33	13:30
7:58	9:02	10:37	11:25	12:18	13:08
8:40	9:32	10:50	11:30	12:08	12:52
7:56	9:00	10:35	11:23	12:16	13:07
9:05	9:50	10:43	11:57	12:21	13:04

Beeindruckend – aber diese stattlichen Sativas wuchsen bis unter das Dach des Gewächshauses, wo die Belüftung zu einem Problem wurde. Wegen ihres späten Erntedatums und der Lage des Gewächshauses (im Norden, wo die Frühlingssonne schwach ist), waren die Pflanzen eher »luftig« als dicht.

Warum zum Blühen zwingen?

Es gibt viele Gründe dafür, warum Marihuana-Züchter den Zwang zur künstlichen Blüte in Treibhäusern anwenden. Der wichtigste ist, das die Pflanzen ohne Zwang genauso reifen wie die freien im Herbst. Das ist auch die Zeit, in der Drogenfahnder und Diebe wie Heuschreckenschwärme in Erscheinung treten. Ein Züchter, den ich kannte, weigerte sich zu dieser Jahreszeit anzubauen, einfach weil es zu gefährlich war. Er setzte auf eine Ernte schnell wachsender Blumen und Gemüse, um vor den Nachbarn anzugeben. Treibhäuser werden immer üblicher, aber erwecken immer noch Neugier. Dieser Züchter pflanzte nur von Januar bis Juni Cannabis, und erntete zweimal pro Jahr mit Lichtentzug und Kunstlicht.

Ein anderer Gärtner und Cannabisliebhaber benutzte die Technik der Abdunklung, um tropische Arten von Marihuana anzubauen. Dieser Züchter hatte keinen Sinn für Cannabis Indica Arten, und war überzeugt, dass nur das tropische Cannabis Sativa rauchbar sei. Thailändische, indische, columbianische, jamaikanische oder sogar gute mexikanische Samen hat er gepflanzt.

Leider sind es gerade diese Arten von Marihuana, die am schwersten anzubauen sind. Im Freien oder in einem Treibhaus, ohne sie im Dunkeln zu halten, reifen die spätesten dieser Sativas nicht vor Weihnachten. Es gibt viele Marihuana-Missernten, die von diesen spät reifenden Arten verursacht werden.

Dieser Züchter dunkelt erst nach dem »Bastille-Tag« (dem 14. Juli) ab. Das Licht zu dieser Zeit im Jahr ist intensiv und die Sativas blühen fruchtbar während der künstlich gekürzten Tage. Da dieser Züchter ein Abdunklungssystem hat, das halbautomatisch öffnet und schliesst, gedeihen seine Pflanzen acht Wochen in langen Nächten. Zwei Wochen lang mit 12-stündigen Nächten, drei Wochen mit 13-stündigen und drei Wochen mit 14-stündigen Nächten. Das Wissen um die Techniken der künstlichen Blüte im Treibhaus, verleiht den Züchtern sehr viel Flexibilität beim Einbringen einer Ernte.

4
Tips für die Freilandaufzucht

Manche Züchter mögen denken, dass diese Techniken bei der Aufzucht im Freien nur von geringem Nutzen sind. Doch das Wissen darum, wann eine Art, die man züchten will, reift, ist von besonderer Bedeutung. Um so weiter in den Norden man kommt, um so bedeutender wird es, weil viele tropische Pflanzen und Hybriden in nördlichen Gegenden nicht reifen werden.

Frühe Versuche des Marihuana-Anbaus im Freien in den 70ern brachten gewaltige Sativas ohne eine einzige Blüte hervor, während oft schon ein mörderischer Frost sich näherte. Nur im tiefen Süden, in Kalifornien und Hawaii kamen die meisten Samen, die gepflanzt wurden, zur Reife. Zu dieser Zeit war das häufigste importierte *Cannabis Sativa* aus einem Land in der Nähe des Äquators. Da dieses Marihuana noch Samen trug, wurde es häufig gepflanzt.

Freiland-Züchter entdeckten bald, dass die Samen der in nördlicheren Gebieten kultivierten Pflanzen, grössere Chancen haben, im Freien zu reifen. Anfänglich kamen die besten Samen aus dem nördlichen Mexiko, aber bald waren es viele neue Arten von Marihuana-Samen, die aus aller Welt in die Staaten strömten. Auf der U.S.-regierungseigenen Cannabisfarm in Mississippi nutzte man diesen Vorteil voll aus, und besorgte sich manchmal Samen aus dem Untergrund. Es wurden Hunderte von Varietäten gezüchtet, um sie auf den THC-Gehalt hin zu prüfen.

Heute findet man viele Sorten von Marihuana, die an den meisten Orten im Freien zur Blüte gebracht werden können. In gewisssem Sinn ist die Suche nach der richtigen Varietät für den eigenen Wohnort eine Frage der künstlichen Blüte. Besonders in nördlichen Gebieten gibt es, falls der falsche Same gesetzt wurde, nur wenige Blüten bei der Ernte.

Zuverlässige Samen mit einem voraussehbaren Reifedatum sind ein Muss für den Freilandzüchter. Aus den Samen sollten sich verhältnismässig einheitliche Blüten produzieren lassen, die zur gleichen Zeit mit gleichbleibender Qualität reifen. Ableger von Pflanzen, von denen bekannt ist, dass sie an einem bestimmten Ort gedeihen, sind sehr gefragt und können mit etwas Glück jahrelang gezüchtet werden. Wie auch immer man es betrachtet, die Wahl der Art des Marihuanas, das im Freien gepflanzt wird, ist entscheidend für die Ernte.

Die Einführung von *Cannabis Indica*-Sorten wie Afghani und Hindukusch wurde durch eine fruchtbare Marihuana-Freilandkultur quer durch die Vereinigten Staaten belohnt. Viele der besten Arten waren tatsächlich Kreuzungen zwischen Sativas und Indicas, die bestens für eine frühe Reife und aufgrund ihrer Widerstandsfähigkeit gegen Fäule geeignet sind. Einige dieser Arten wie »Early Girl« und früh reifendes »Skunks« gewannen landesweite Aufmerksamkeit.

Aus Neugierde werden viele Samen, die für den Freilandanbau geeignet sind, von Züchtern, die mit Kunstlicht arbeiten, entwickelt. In vielen Fällen gedeihen die Pflanzen, die bei Kunstlicht mit im Vergleich relativ schwacher Lichtintensität grosse Blüten bilden, auch besonders gut im Freien. (Siehe auch Kapitel 7.)

Ein weiterer Hinweis, der für die Freilandzüchter wichtig sein könnte, ist, spät anzufangen. Die meisten Arten von Marihuana werden zur gleichen Zeit im Freien reifen, ob sie nun im April oder im Juni gesetzt wurden. (Wenn sie aus Samen gezüchtet sind, spielt das keine Rolle, denn eine Marihuana-Pflanze blüht, sobald sie 40 Tage alt ist.) Spätere Pflanzen bleiben kleiner, was viele Züchter als nützlich betrachten, wenn es um das Risiko ihrer Entdeckung geht. Ein Züchter hat es so formuliert: »Jeder Tag, an dem sie nicht im Boden sind, ist ein Tag weniger, an dem sie entdeckt werden könnten.« (Er setzte gerade 3 Wochen alte Pflanzen Mitte Juni um.)

Direkter Einfluss auf die Blüte liegt auch für Freilandzüchter im Bereich des Möglichen. Der »Grobot« benutzt eine automatische Abdeckung, um das Beet zu verdunkeln, damit das Marihuana jederzeit blühen kann. Er kann auch im Freien eingesetzt und mit einem 12 Volt-Sonnenkollektor betrieben werden.

Ein besonderes, seltenes Gewächshaus, das drinnen wie draussen benutzt werden kann, sah ich bei einem anderen Züchter. Es ist ein VW-Bus mit Schiebedach. Der Züchter liess eine früh reifende Art gedeihen, die er mit langen Nächten auf eine Ernte Mitte August hin bearbeitete. Er schloss das Dach und die Vorhänge an den Seitenscheiben zu bestimmten Zeiten um die Sommersonnenwende, vom 21. Juni bis zum 1. August, und bewegte sein mobiles Gewächshaus auch einige Male während der Saison.

Techniken zur Abdunklung von Marihuana, das auf einem Acker gepflanzt wurde, sind bekannt. Grosse Pappkartons von Elektrogeräten wie zum Beispiel für Kühlschränke oder Waschmaschinen sind auch schon benutzt worden, um die Tage kürzer zu machen und die Blüte künstlich herbeizuführen. Pappschachteln sind prima, zumindest bis es anfängt zu regnen. Der Züchter mit den Kartons hatte, wie der VW-Bus-Züchter, eine früh reifende Sorte gepflanzt, aber es gelang ihm nur, die Pflanzen für vier Wochen im Dunkeln zu halten, dann waren die Kartons unbrauchbar. Seine Pflanzen waren ein wenig mickrig.

Seltsamerweise erweckten die Kartons kaum Verdacht, weil das Ganze in einem unzugänglichen Gebiet stattfand, wo für gewöhnlich Dinge einfach weggeworfen werden.

Wegen Einflüssen wie dem Wind, ist es in der Regel nicht sehr praktisch, eine Abdunklung im Freien so zu konstruieren wie in einem Treibhaus, zumindest nicht für ein ganzes Marihuanafeld. Technische Vorrichtungen für das Erzwingen der Marihuanablüte bei einzelnen Pflanzen sind auch draussen möglich. Eine Züchterin baute ein Gerüst aus Bambus und Hanfschnur um einzelne Pflanzen herum. Dann machte sie eine Pflanzenhülle aus dem luftdurchlässigen und lichtdichten Stoff, der im letzten Kapitel erwähnt wurde. Die Hülle war lose, leicht und einfach über das Gestell um die Pflanze herum zu stülpen und wieder abzunehmen. Auch wenn es ziemliche Arbeit war (sieben Wochen Abdunklung), hat die Züchterin im Frühsommer geerntet, noch bevor jemand auf die Idee gekommen war, Cannabis zu suchen.

5

Andere Faktoren, die die Blüte beeinflussen

Obwohl viele der Untersuchungen vor dem Drogenkrieg unternommen wurden, bleibt Marihuana eine vielstudierte Pflanze, was wiederum mit ihrer Eignung zum künstlichen Blütezwang zu tun hat. Cannabis ist auch eine der am schnellsten wachsenden Pflanzen, und sie gedeiht auch unter Laborbedingungen gut.

In tiefer Dunkelheit steckt die Kraft, die, wie wir gesehen haben, Marihuana zum Blühen bringt. Es gibt auch eine Reihe von Wachstumsumständen und chemischen Stoffen, die einen Einfluss auf die Blüte oder das Geschlecht von Cannabis haben. Nicht alle Informationen zur künstlichen Blüte beeinflussen das Wachsen des Marihuana direkt. Einige beeinflussen den Ertrag oder die Wirksamkeit der Ernte, andere helfen einfach, die Zahl weiblicher Pflanzen zu vermehren.

Manchmal werden diese Auswirkungen offensichtlich sein, manchmal sehr subtil; aber alle werden hilfreich für das Verständnis und die Kontrolle der Blütenfolge sein.

Erfinderische Züchter entwickelten einige interessante Möglichkeiten, Marihuana zu einer noch produktiveren Pflanze zu machen. Neue Hilfsmittel zum Wurzelziehen wurden entdeckt, und Produkte, von denen man sagt, dass sie das Geschlecht der Pflanze beeinflussen. Ich werde versuchen, alle glaubwürdigen Information weiterzugeben, und auch die Geschichten, denen viele Züchter zu glauben geneigt sind. Obwohl viele der Informationen sich als wahr erwiesen haben, gibt es doch einige Techniken, die verbessert werden müssen.

Der Start

Marihuana ist im allgemeinen leicht zu züchten, und es gedeiht bestens in jedem gut belüfteten Wachstumsmedium mit neutralem ph-Wert. Das einzige, was ein bisschen heikler ist, ist das Keimen der Samen. Wenn der Boden dann zu feucht ist (und ohne gute Belüftung), kann das die Pflanzen nachhaltig schädigen. Marihuana ist auch anfällig für eine Pilzkrankheit namens »Abnässen«, durch die Pflanzen gleich nach dem Keimen umkippen und sterben.

Ein anderes Problem, dem man sich häufig gegenübergestellt sieht, wenn die Pflanzen noch sehr jung sind, ist ein Vergilben oder Vertrocknen der ersten Blätter. Der Grund dafür liegt im ph-Wert des Wachstumsmediumes. Der ph-Wert (der

Säure- oder Basegehalt des Wachstumsmediums) muss in einem neutralen oder geringfügig sauren Bereich liegen; 6,5 auf der 14 Punkte-Skala wäre ideal. Niedrigere Werte zeigen zu hohen Säuregehalt, höhere Werte zu hohen Basegehalt an.

Die frühe Wachstumsphase ist sehr wichtig für das Gedeihen des Marihuana. Die Pflanzen in bestem Zustand durch diese Periode zu bringen ist auch für ihre spätere Blüte von Bedeutung. Wenn es in dieser Zeit Probleme gibt, führt das in der Regel zu tieferen Erträgen bei der Ernte. Oft wird eine kranke Pflanze kaum blühen und manchmal wird sich ihre Blüte verzögern. Da die Grösse der Blüten oft in Relation zur Dicke des Stammes steht, ist eine kräftige Pflanze wünschenswert.

Kultivationstechniken

Genaue Informationen über den Anbau von Marihuana sind überall verfügbar. In der Tat kann man wunderbaren Cannabis auf zahllose Weisen züchten, in einer passiven oder aktiven Hydrokultur, in Steinwolle, Polyurethanschaum, oder sogar in Erde. Jede Weise hat ihre Vorteile und Nachteile. Es ist guten Gewissens schwierig, von einer als der besten zu reden. Züchter wenden oft die Methode an, die hilft, eine Unzulänglichkeit bei der Aufzucht der Pflanzen auszugleichen. Ein Züchter, der öfter das Giessen vergisst, mag ein System installieren, das die Pflanzen automatisch giesst. Wenn ein Züchter Probleme mit der Erde gehabt hat, könnte ihn das dazu bringen, es mit Steinwolle oder Schaumstoff zu versuchen.

Unter der Überschrift »Hydrokultur« im Anhang findet man weitere Informationen zu diesem Thema.

Wir haben abgehoben...

Ein Fall von »Abnässen«

Der Start von gesunden Pflanzen.

Ein gesunder Setzling.

Ein ph-Problem lässt diese junge Pflanze verkümmern.

Der Nährstoffgehalt des Wachstumsmediums

Weil sie eine schnellwachsende Pflanze ist, braucht Marihuana während ihres gesamten Wachstums eine ausreichende Versorgung mit Nährstoffen. Mindestens 12 Nährstoffe, einschliesslich des Sauerstoffs aus der Luft, sind für das Pflanzenwachstum von Bedeutung. Wenn gehaltloses Hydrokulturmaterial, wie zum Beispiel Lavagestein, verwandt wird, müssen der Pflanze alle Nährstoffe zugeführt werden. Wenn Erde für Kultur benutzt wird, mag es zu Beginn darin einige Nährstoffe geben, die aber bald ergänzt werden werden müssen.

Kunstdüngergemische beinhalten hauptsächlich drei Hauptnährstoffe. Diese Mischung nennt man S-P-K, Stickstoff, Phosphor und Kalium – Kalzium gehört eigentlich auch auf die Liste der wichtigsten Nährstoffe. Marihuana braucht zum Beispiel mehr Kalzium als Kalium.

Kalzium findet man in grossen Mengen in der Blumenerde, und manchmal auch im Trinkwasser. Deshalb wird es bei Kunstdüngermischungen oft weggelassen. Da Kalzium zur Blockierung der Kapillare bei der Hydrokultur führen kann, wird es höchstwahrscheinlich bei speziell für diese Kulturen bestimmten Mischungen weggelassen. Die anderen für das Pflanzenwachstum nötigen Nährstoffe sind Schwefel, Eisen, Magnesium, Bor, Mangan, Kohlendioxid und Aluminium.

Zwei dieser Nährstoffe sind bekannt dafür, dass sie die Blüte beeinflussen: Stickstoff und Phosphor. Stickstoff, der Hauptnährstoff der Pflanzen während der Wachstumsphase, wirkt sich in bezug auf die Blüte negativ aus. Von übermässiger Stickstoffversorgung ist bekannt, dass sie die Blüte verzögert.

Marihuana braucht während des Wachstums und bei Beginn der Blüte grosse Mengen von Stickstoff, aber eine Überversorgung mit Stickstoff kann zu Wildwuchs und schwachen Stämmen führen. Andererseits vollführt Marihuana, insbesondere wenn es früh zur Blüte gezwungen wird, einen Wachstums-Spurt von mehreren Wochen, bis die Blüte eingeleitet wird. Stickstoff braucht es, um dieses Wachstum zu unterstützen, sonst bleiben die Pflanzen schwach. Stickstoffmangel ist leicht zu erkennen: Bei den meisten Pflanzen werden die Blattstiele (Petiole) rötlich. (Anmerkung: Einige Sorten haben von Natur aus rote Blattstiele.)

Das wirft die Frage auf, wie die optimale Nährstoffmischung aussieht. Oft werden Nährstofflösungen mit hohem Stickstoffgehalt wie zum Beispiel 30-15-15 S-P-K während des Wachstums benutzt, während die 15-30-30-Formel während des Blütestadiums zum Einsatz kommt.

Phosphor ist der Nährstoff, der am häufigsten mit der Blüte in Verbindung gebracht wird. Hoher Phosphorgehalt während der Blüte ist dafür bekannt, die Grösse der Blüten beim Marihuana und bei vielen anderen Pflanzen zu steigern. Eine angemessene Ernährung während der Blüte mit einer vermehrten Versorgung mit Phosphor, kann das Gewicht der Ernte um 20% gegenüber Pflanzen mit niedriger Phosphorversorgung steigern. Nährstoffmischungen im Verhältnis 15-30-30 S-P-K sind von Marihuana-Züchtern erfolgreich angewandt worden.

Dieses 15-30-30 Verhältnis wird von vielen Züchtern bevorzugt. Die Pflanzen wachsen ein wenig langsamer mit dieser Formel, aber die Stämme sind dicker und die Zweige treiben dichter im Vergleich zu Pflanzen, die mit einem höheren Stickstoffanteil versorgt werden. Das Stammvolumen steht in positiver Relation zu der Grösse der Blüten, wie wir gesehen haben.

Wieviel Kunstdünger den Pflanzen zuzuführen ist, ist nicht einfach zu beantworten. Glücklicherweise verträgt Marihuana einiges an Nährstoffen. Das Nährstoffniveau kann mit einem Lösungskonzentrationsmesser gemessen werden, der ein ziemlich genaues Bild der primären Nährstoffkonzentrationen gibt und den Stickstoffgehalt vorteilhafterweise noch genauer angibt. Die Verwendung einer Nährstoff- und einer ph-Wert-Messuhr ist ein Muss für jeden Hydrokultur-Züchter. Nährstoffniveaus von 750 bis zu 3000 ppm (parts per million) sind zur erfolgreichen Züchtung von Cannabis bestens geeignet. Ein Nährstoffniveau zwischen 750 und 1500 ppm wird feines Marihuana bringen, das entspricht 0,75–1,5g pro Kg Masse.

Züchter können Nährstoffe auch mit einem Teelöffel abmessen. Von der 15-30-30 S-P-K -Formel wird berichtet, dass sie gute Ergebnisse bringt, wenn man einen halben bis einen Teelöffel Kunstdünger auf knapp vier Liter giesst.

Temperatur

Marihuana ist in subtropischen und tropischen Gebieten heimisch. Die Pflanze mag warme Temperaturen, besonders wenn sie blüht. Die optimale Temperatur für die meisten Arten in Blüte sind 16 Grad Celsius nachts und 27 Grad Celsius während des Tages. Es gibt jedoch sehr viele Unterschiede. Es gibt Varietäten, die in dem Bereich von 9 Grad Celsius bis zu 35 Grad Celsius blühen, obwohl dies oft nicht die besten Temperaturen sind, um den Ertrag zu maximieren. Durch Temperaturen, die ausserhalb dieses Bereichs liegen, wird die Blüte gehemmt.

Falls die Temperaturen ausserhalb dieser Begrenzungen liegen, kann man das auch ausgleichen, indem man den optimalen Temperaturbereich ausdehnt. Falls zum Beispiel nachts die Temperatur unter 9 Grad sinkt, kann man die Tagestemperatur mit Gewinn auf 29,5 Grad steigern. Oder wenn die Tagestemperatur auf 35 Grad steigt, kann man die Temperatur in der Nacht mit der Lüftung auf 15,5 Grad reduzieren.

Die Temperatur hat auch einen wichtigen Einfluss auf das Geschlecht des Marihuana. Marihuana ist eine getrenntgeschlechtliche Pflanze, was bedeutet, dass männliche und weibliche Blüten auf verschiedenen Pflanzen wachsen. Um zu Samen zu kommen muss man die weibliche Blüte mit Pollen der männlichen bestäuben.

Besonders die Temperatur während des frühen Wachstumsstadiums hat sich als entscheidend für das Geschlecht des Marihuana herausgestellt. Niedrigere Temperaturen erhöhen die Zahl der männlichen Pflanzen, während höhere Temperaturen in der Nähe des Optimums eine vermehrte Anzahl weiblicher Pflanzen erwarten lassen. Abweichungen von 5–10% von der normalen Entwicklung sind von vielen Züchtern festgestellt worden. (Normalerweise sind 52% der Pflanzen weiblich.)

Die Farbe und Intensität des Lichts

Viele Experimente zur Einleitung der Blüte sind mit Kunstlicht verschiedener Farbspektren durchgeführt worden. Licht kann in verschiedenen Farben erzeugt werden, von Infrarot bis zu Ultraviolett. Keines dieser Lichtspektren hat sich als fähig erwiesen, die Blüte beim Fehlen von langen Nächten einzuleiten. Marihuanapflanzen, die bestimmten Wellenlängen von rotem Licht ausgesetzt werden, können zwar sogar bei langen Lichtphasen einige Blüten produzieren, die das Geschlecht anzeigen. Trotzdem wird eine abgeschlossene Blüte unter diesen Umständen nicht zustandekommen.

Von rotem Licht weiss man, dass es die Blüte des Marihuana sowohl stimulieren als auch hemmen kann. Besonders oranges Licht von 660 Nanometern auf der Skala der Wellenlänge hemmt die Produktion von Blüten. Tiefrotes Licht von 735 Nanometern ist dafür bekannt, dass es die Entwicklung der Blüten fördert. Von Marihuana ist auch bekannt, dass es viel blaues Licht während des vegetativen Wachstums braucht. Nicht ohne Grund liegt das Spektrum des Lichts der zwei am häufigsten für die Kultivierung von Marihuana verwendeten Lampen im tiefen Rot und im Blau.

Metallhalogenlicht produziert einen hohen Anteil blauen Lichts, während die Natriumdampflampe grosse Anteile tiefroten Lichts produziert. Das Metallhalogen wird von Züchtern während des vegetativen Wachstums und die Natriumdampflampe während der Blüte vorgezogen. Es soll jedoch erwähnt werden, dass beide Lampen für die Marihuana-Zucht ausreichende Anteile sowohl von rotem als auch von blauem Licht produzieren.

Diese Lampen werden schnell ersetzt durch Lampen, die sich aufgrund ihres modifizierten Spektrums besser für die Kultivierung von Pflanzen eignen. H.I.D.-Lampen wurden für die Beleuchtung von Strassen entwickelt, ihr Einsatz im Gartenbau hat sich dann in der Folge ergeben. Eine Natriumdampflampe, die leistungsfähigste Lichtquelle in bezug auf Stromverbrauch und Lichtausbeute (mit mehr blauem und weniger orangem Licht), ist schon auf dem Markt. Andere hochentwickelte Beleuchtungskörper wie zum Beispiel Natriumlicht, das von Mikrowellen aktiviert wird, soll bald auf den Markt kommen.

Licht mit einem Rotanteil stimuliert die Produktion von Blüten, wenn auch noch die korrekte Photoperiode dazu erforderlich ist. Produktion von Blüten ist bei Natriumdampflampen ergiebiger als zum Beispiel bei Metallhalogenlicht. Das liegt sowohl an der Intensität des Lichtes als auch an seinem Spektrum.

Obwohl es nur selten bei der Erzwingung der Blüte angewandt wird, haben Untersuchungen gezeigt, dass rotes Licht die Blüteperiode um bis zu 10% verkürzen kann. Eine Pflanze, die 10 Wochen braucht, bis sie blüht, wird 9 brauchen, wenn man sie hohen Anteilen roten Lichts aussetzt. Gegenwärtig sind Glühbirnen (Spots) die beste Lichtquelle mit diesem Spektrum.

Andere Lampen, wie zum Beispiel Leuchtstoffröhren, produzieren unter bestimmten Umständen auch ausreichendes und vom Spektrum her geeignetes Licht für die Marihuanazucht. Leuchtstoffröhren eignen sich gut zur Zucht von Miniatur-Pflanzen (siehe Kapitel 2), mit denen man weniger auffällt, oder für das Klonen, bei dem hohe Lichtintensitäten weniger nützlich sind. Leuchtstoffröhren sind auch eine gute Anfangsbeleuchtung für Marihuana, das unter H.I.D.-Lampen blühen soll.

Für weitere Informationen über Lichtintensitäten, die für die Kultivierung von Cannabis notwendig sind, siehe Kapitel 2.

Ultraviolettes Licht

Bei der Forschung nach der Ursache, warum Marihuana THC und andere psychoaktive Cannabinoide produziert, ist das ultraviolette Licht oft Gegenstand der Diskussion. Von den Cannabinoiden nimmt man an, dass sie zumindest teilweise produziert werden, um die Pflanze vor der ultravioletten Strahlung in der Atmosphäre zu schützen. Cannabis ist in bergigen Gebieten heimisch, wo die Pflanzen wegen der dünneren Atmosphäre in der Höhe mehr ultraviolettes Licht abbekommen. Auf Meereshöhe ist die ultraviolette Strahlung der Sonne von der

Ozonschicht und dem Staub in der Atmosphäre zum Teil ausgefiltert. Die Grundlagenforschung nimmt an, dass ultraviolettes Licht den Cannabinoidgehalt von Marihuana beträchtlich steigern kann.

Wieviel UV-Licht optimal ist, hat man jedoch noch nicht herausgefunden. Von Marihuana ist bekannt, dass es in Vorgebirgen in einer Höhe von 500–900 Metern heimisch ist. Viele erfahrene Freilandzüchter können berichten, dass in dieser Höhe Cannabis wächst, das bis zu 20% wirksamer ist, als die gleiche Sorte auf Meereshöhe. Höhergelegene Orte mögen sogar noch vorteilhafter sein, aber andere Bedingungen, wie zum Beispiel kaltes Wetter, können die Vorteile der dünneren Atmosphäre und des höheren Anteils an ultraviolettem Licht leicht zunichte machen.

Wie der Kohlendioxidgehalt so nimmt auch der Anteil der UV-Strahlung in der Atmosphäre zu, in einigen Gebieten sogar dramatisch. Das liegt an der Ausdünnung der Ozonschicht, wodurch mehr UV-Licht die Atmosphäre durchdringen kann. Zusätzlich zu einer allgemeinen Ausdünnung haben sich Löcher an einigen Stellen der Ozonschicht gebildet, durch die die unter ihnen liegenden Landstriche einer hohen UV-Belastung ausgesetzt sind. Kurz gesagt, Mangel an UV- Licht ist sicher kein Problem mehr für Freiland-Marihuanazüchter, auch nicht auf Meereshöhe.

Hochleistungslampen, wie Metallhalogen und Natriumdampflampen, liefern beide genügend ultraviolettes Licht. Jedoch wird diese Wellenlänge durch das dicke Glas der Birne herausgefiltert, und nur sehr wenig erreicht die Pflanze. Die meisten Treibhausabdeckungen wie Glas und Plastikplanen filtern auch die UV-Strahlung der Sonne aus.

Falls jemand auf diesem Gebiet experimentieren will, kann er sich leicht mit Lampen, die UV-Licht produzieren (es braucht UV-b produzierende Lampen), versorgen. Sie werden zum Bräunen benutzt. Da diese Art von Bräunen aus der Mode gekommen ist, gibt es viele gebrauchte Anlagen. Auch kann man sie leicht neu kaufen.

Gärtner arbeiten mit zwei oder mehr zwanzigminütigen Behandlungen mit ultraviolettem Licht pro Tag. Die meisten UV-Lampen haben einen Zeitschalter, an dem man eine bestimmte Dauer einstellen kann. Der soll die Überdosierung (Sonnenbrand) verhindern. So wie sie sind, müssen diese Lampen manuell angeschaltet werden, aber sie können mit einer zusätzlichen Zeitschaltuhr automatisiert werden. Kleine Lampen (ursprünglich zur Gesichtsbräunung verwendet) reichen aus, um einen 400 Watt-Bereich zu behandeln, während man mit Ganzkörperlampen zwei 1000 Watt-Bereiche beleuchten kann.

Bei Experimenten auf diesem Gebiet ist es gut sich daran zu erinnern, dass diese Art von Strahlung dem Körper, insbesondere den Augen schaden kann. Am besten hält man sich nicht im Raum auf, wenn das ultraviolette Licht brennt. Falls dies doch nötig ist, trägt man eine Sonnenbrille, die das Licht filtert, und einen Hut. Die kleine Menge an UV-b-Strahlung, die diese Lampen produzieren, kann dem Marihuana berauschende Dinge antun. In Massen angewandt, ist diese Technik so sicher wie eine leichte Bräunung der Haut. Man sollte es aber nicht übertreiben, es geht nicht darum, die Pflanzen im Dunkeln zum Leuchten zu bringen.

Hormone

ÄTHYLEN – Äthylen ist ein Pflanzenhormon, von dem bekannt ist, dass es weibliche Blüten fördert. Diese Zunahme an weiblichen Pflanzen wurde zuerst von Züchtern bemerkt, die Rauch von Holzfeuern (bei denen Äthylen entsteht) in ihren Anpflanzungen benutzten, um Insekten fernzuhalten. Fruchtpflanzen wie Marihuana haben oft männliche und weibliche Blüten auf getrennten Pflanzen. Man fand heraus, das Äthylen der Bestandteil des Rauches ist, der für einen höheren Anteil an weiblichen Pflanzen sorgt.

Eine weitere Wirkung von Äthylen ist, dass es die Blüte und auch das Reifen der Frucht beschleunigt. Mehr Informationen dazu folgen weiter unten.

Andere Forschungsarbeiten, von denen einige die Cannabispflanze betrafen, bestätigten die Zunahme an weiblichen Pflanzen und Äthylen als den Katalysator, der diese Erscheinung verursachte. Einige Marihuanazüchter haben von einer Zunahme von bis zu 70% weiblicher Pflanzen nach der Samen-Behandlung mit Äthylen berichtet.

Die Samenbehandlung mit Äthylen ist ziemlich einfach, und man muss auch nicht lange nach einer Quelle für dieses Gas suchen. Bestimmte Früchte wie zum Beispiel Gurken und Melonen verströmen Äthylen, wenn sie reifen. Um Samen zu behandeln, muss man sie nur in einem Plastikbeutel an einem warmen Ort mit einer reifenden Gurke, Melone oder Banane aufbewahren. (Man kann auch die Schalen der Früchte dazu verwenden.) Behandelt werden die Samen für eine oder zwei Wochen. Wenn die Früchte reifen, scheiden sie sowohl Wasser wie auch Äthylen-Gas aus. Steckt man die Samen in einen Papierumschlag, wird ein Teil der Feuchtigkeit absorbiert. Man muss den Plastikbeutel alle ein, zwei Tage lüften und die Frucht ersetzen, wenn sie reif ist. Wenn die Samen zu lange in dem geschlossenen Plastik aufbewahrt werden, werden sie spriessen, was eine sichere Methode ist, Samen zum Keimen zu bringen, falls dies gewünscht wird. Es ist am besten, die Samen kurz bevor sie gesät werden zu behandeln.

Wenn es einem nichts ausmacht, das ganze Gewächshaus zu behandeln, kann man diese die weiblichen Pflanzen fördernde Äthylen-Behandlung auch kurz vor der Blüte des Marihuanas, das aus Samen gezogen wurde, durchführen. Man muss einfach die Schalen der Früchte und des Gemüses ein bis zwei Wochen vor der Photoperiode, die das Marihuana zum Blühen zwingt, zwischen den Pflanzen verteilen. Man sollte mit der Behandlung aufhören, sobald Pflanzen in Blüte sind.

Da Äthylen Blumen und Früchte schneller zur Reife bringt, mag sich der Züchter fragen, ob es auch geeignet ist, Marihuana-Blüten zu reifen. Äthylen wird dazu benutzt, einige Früchte zu reifen, wie etwa Bananen, die gewöhnlich mit dem Hormon besprüht werden, sobald sie an dem Ort sind, an dem sie verkauft werden sollen. Die meisten Pflanzen produzieren selbst mehr Äthylen, wenn ihre Früchte oder Blüten reifen.

Unglücklicherweise haben die Studien, die mit Äthylen während der Blüte gearbeitet haben, meist negative Ergebnisse gezeigt. Blüten, die mit Äthylen besprüht werden, öffnen sich nicht. Falls sie schon offen sind, schliessen sie sich wieder. Äthylen fördert die Reife der Blüten, aber das scheint sehr schnell zu geschehen. Die Blüten werden unreif absterben und von der Pflanze fallen, besonders wenn das Hormon früh in der Blüteperiode angewendet wird. Auch wenn diese Studien nicht mit Marihuana durchgeführt wurden, kann man sicher annehmen, dass Äthylen-Behandlungen während des grössten Teils der Blüte nicht wirksam ist.

Einige wenige Züchter berichten von positiven Ergebnissen in geschlossenen Räumen durch Äthylen-Behandlungen spät in der Blüte bei jenen heiklen Pflanzen, die schwer zur Reife zu bringen sind. Sorten des Cannabis, die mit thailändischen oder anderen Varietäten äquatorialen Sativas gemischt wurden, sind bekannt für ihr langsames Reifen unter Kunstlicht. Daher kann man den Raum der Pflanzen jederzeit nach der 6. Woche der Blüte wie oben beschrieben behandeln.

ÖSTROGEN – Östrogen ist das stärkste weibliche Hormon, das in Tieren und einigen Pflanzen wie bestimmten Jamswurzeln zu finden ist. Östrogen-Behandlungen von Marihuana sind Gegenstand vieler Spekulationen gewesen. Es gab viele Berichte, dass es die Zahl weiblicher Pflanzen bei aus Samen gezüchteten Gewächsen erhöht.

Die Behandlung ist einfach. Man weicht die Saat über Nacht in einer kleinen Menge von Wasser ein, in der eine Antibaby-Pille oder eine andere Östrogen-Pille aufgelöst worden ist. Nach dem Einweichen, lässt man die Samen in Papierhandtüchern, die mit dem Wasser vom Einweichen durchfeuchtet sind, spriessen. Viele Marihuana-Züchter berichteten von einer Verschiebung des Verhältnisses von weiblichen und männlichen Pflanzen um 10% oder mehr.

TESTOSTERON – Wenn Östrogen das weibliche Haupthormon ist, dann ist Testosteron das klassische männliche. Medikamente mit diesem Hormon sind gibt es für Männer, die einen Testosteronmangel haben.

Für Marihuana-Züchter ist das Potential von Testosteron interessant, um männliche Blüten auf weiblichen Pflanzen wachsen zu lassen. Diese männlichen Blüten braucht man, um die weiblichen Samen zu produzieren. Die Forschung auf diesem Gebiet steckt noch in den Kinderschuhen. Die erfolgversprechendste Behandlungsmethode ist die, weibliche Pflanzen unmittelbar vor der Blüte einzunebeln.

NAA UND IAA – Indol-Essigsäure (IAA) und X-Naphthaline (NAA) sind Pflanzenhormone, die normalerweise in Wurzel- oder Ablegerteilen zu finden sind. Von ihnen weiss man, dass sie das Wachstum von neuen Wurzeln bei Ablegern anregen.

Diese Hormone verhindern auch die Blüte. Man kann sie dazu verwenden, Pflanzen aus Blüten zu züchten. Sie sind den Marihuana-Züchtern daher in bestimmten Wachstumssituationen nützlich. Dazu gehören die Behandlung von Ablegern, die während der Blüte abgeschnitten wurden, die Bestimmung des Geschlechts (indem Pflanzen kurz zur Blüte gebracht und dann in die Wachstumsphase zurückversetzt werden) und das Verjüngen der Pflanzen nach dem Blühen (siehe weiter unten). Mehrere Blattbehandlungen, die Hälfte, die sich für Ableger empfiehlt, sind sehr wirksam bei der Wiedereinleitung des vegetativen Wachstums. Es gab Berichte, dass diese Hormone in höheren Dosen als empfohlen die Blüte stimulieren. Obwohl bisherige Untersuchungen nichts dergleichen erwiesen haben, scheint dies ein fruchtbares Gebiet für die Forschung zu sein.

GIBBERELLINE – Auch wenn das Blütenhormon »Florigen« nie isoliert worden ist, so gibt es doch welche namens Gibberelline, die bei der Blüte eine Rolle spielen. Einige Marihuana-Züchter haben mit diesem Hormon Experimente gemacht, um herauszufinden, wie es auf die Blüte wirkt.

Bei einigen Pflanzen, die lange Tage zur Blüte brauchen, haben Gibberelline zur Blüte geführt, auch wenn die Tage kurz waren. Diese Pflanzen sind quasi das Gegenteil von Marihuana. Sie blühen, wenn die Tage länger und die Nächte kürzer werden.

Unglücklicherweise scheinen Gibberelline bei Pflanzen, die einen kurzen Tag zur Blüte brauchen, wie eben Marihuana, genau das Gegenteil zu bewirken. Auf die Blätter von Marihuana gesprüht verhinderten sie die Blüte, selbst wenn die Pflanzen kurze Tage hatten.

Gibberelline kommen natürlich in den Blättern von Pflanzen vor, wo die Tag- und Nachtlänge gemessen wird. Pflanzen haben keine Organe wie das Gehirn, das Herz oder irgendwelche Drüsen, die Hormone produzieren, um diese Art von Prozessen zu regeln. Stattdessen regeln Pflanzen ihre Funktionen durch die Ab- und Zunahme verschiedener Pflanzenhormone und chemischer Botenstoffe. Die Länge einer Lichtperiode entscheidet oft, wieviel von einem Hormon produziert wird. Im Fall von Marihuana nehmen die Hormone ab, wenn die Nächte länger werden und die Blüte wird angeregt.

Da die Gibberelline bei der Blütereaktion eine Rolle spielen, und diese Reaktion in den Blättern stattfindet, haben einige Cannabis-Züchter damit experimentiert, zum Teil die Blätter von den Pflanzen zu entfernen (um das Gibberellin-Niveau zu senken), damit sie auch ohne lange Nächte blühen.

In Experimenten dieser Art haben sie bis zur Hälfte der Blattfinger des Blatt-Fächers entfernt. Wenn die Pflanze an einem Fächer neun Blattfinger hatte, haben sie vier weggenommen. Leider hatten die Züchter mit diesen Experimenten keinen Erfolg. Selbst wenn diese Marihuanapflanzen lange Nächte hatten, trat die Blüte mit beträchtlicher Verzögerung ein und die Ernte entwickelte sich negativ.

Gibberelline werden manchmal in Vitamin B1-Lösungen verkauft, die dem Schock des Umsetzens vorbeugen und das Treiben von Wurzeln bei Ablegern fördern sollen. Diese Lösungen sollten bei Marihuana nicht benutzt werden.

Ein anderer Züchter testete dieses Hormon an weiblichen Marihuanapflanzen mit der Absicht, zweigeschlechtliche Pflanzen zu züchten, die zur Gewinnung von weiblichem Samen (siehe weiter unten) gebraucht werden – ohne Ergebnis.

Dank der Art wie Gibberelline Marihuana am Blühen hindern, können sie bei der Verjüngung von Pflanzen von Nutzen sein, die bereits geblüht haben, oder das vegetative Wachstum von Ablegern stimulieren, die während der Blüte geschnitten wurden.

Obwohl Gibberelline nur ein Teil des Blüte-Puzzles sind, sind sie ein bedeutender Anhaltspunkt dafür, dass die Wissenschaft bald mit einem Gebräu aufwartet, das die Blüte von Marihuana einleitet und aufrechterhält, egal wie lang die Tage oder Nächte sind.

Kohlendioxid

Kohlendioxid ist ein geruchloses Gas, das in kleinen Mengen in der Luft um uns herum enthalten ist. Der CO_2-Anteil in der Luft ist wegen der Verbrennung von kohlenwasserstoffhaltigen Brennmaterialien gestiegen. Gegenwärtig liegt der CO_2-Anteil in der Atmosphäre bei ungefähr 350 ppm.

Kohlendioxid spielt eine wesentliche Rolle beim Wachstum von Pflanzen. Die Pflanzen haben dafür besondere Zellen auf der Unterseite ihrer Blätter entwickelt. Diese Zellen sind darauf spezialisiert, CO_2 aus der Luft um die Pflanze herum zu gewinnen und das Gas in die Pflanze aufzunehmen. Die Blätter haben kleine porenähnliche Öffnungen, Stigmata genannt, durch die das Gas aufgenommen wird. Pflanzen benötigen CO_2 besonders für das Wachstum. Der Kohlenstoff im CO_2 wird in das Pflanzengewebe integriert. Dem Gewicht nach enthält getrocknetes Pflanzenmaterial fast 50% Kohlenstoff, das ausschliesslich aus dem CO_2 stammt.

Man kann das Wachstum von Marihuana und den meisten anderen Pflanzen beschleunigen, wenn man die Menge an CO_2 erhöht. Wenn man sie auf 700 ppm verdoppelt, werden viele Pflanzen, auch das Marihuana, ihr Wachstum um 50% steigern. Viele Züchter berichten von einer bis zu 80%igen Wachstumssteigerung bei 1500 ppm CO_2, wenn das Marihuana im vegetativen Wachstum begriffen ist.

Die Blüteperiode lässt sich durch CO_2-Anreicherung nicht auf die Hälfte reduzieren, aber sie kann um 2 Wochen oder mehr verkürzt werden. Eine Blüte, die 10 Wochen braucht, um normal zu reifen, wird mit CO_2 meist in 8 Wochen reifen. Ausserdem berichten Züchter oft von einer 20%igen Erhöhung des Blütengewichts bei Pflanzen, denen vermehrt CO_2 zugeführt wurde. Dies hat seinen Grund darin, dass CO_2 die Dicke des Stammes und Triebe sowie auch die Anfangsgrösse der Blüten deutlich fördert.

Eine andere Folge der CO_2-Anreicherung ist, dass die Pflanzen sowohl höhere als auch tiefere Temperaturen vertragen. Dieses bedeutet, dass der ideale Bereich auf ungefähr 13 C° in der Nacht und 30 C° am Tage ausgedehnt wird. Bei höheren Temperaturen zu arbeiten kann besonders wichtig sein, wenn der Züchter ein »geschlossenes System« installiert hat, bei dem es kaum oder keinen Luftaustausch geben soll.

Kohlendioxid fördert auch das Wurzelwachstum. Das ist hilfreich, wenn Pflanzen aus Ablegern gezüchtet werden. Das Gas stimuliert ziemlich schnell die Wurzelbildung bei Marihuana-Ablegern.

Auch wenn man nicht beabsichtigt, den Gewächsraum mit CO_2 anzureichern, muss man doch seiner Bedeutung für das Pflanzenwachstum gewahr sein. Dieses wird sich ohne ständige CO_2-Versorgung während der Tagesstunden verlangsamen. Bei einem Betrag von weniger als 200 ppm wird das Wachstum stoppen.

Für Züchter, die in geschlossenen Räumen arbeiten ist zu niedrigerer CO_2-Gehalt der Luft einer der Hauptgründe für niedrige Erträge. Falls keine CO_2-Anreicherung stattfindet, wird die Belüftung sehr wichtig, besonders wenn die Pflanzen den Raum fast ausfüllen.

In einem geschlossenen Raum, der mit Pflanzen gefüllt ist und durch helles Licht kann der Vorrat an CO_2 in weniger als einer Stunde erschöpft sein.

Eine andere bekannte Wirkung von Kohlendioxid ist die Vermehrung der Anzahl weiblicher Pflanzen. Keine gibt keine genauen Untersuchungen zu diesem Aspekt der Wirkung von CO_2, aber zuverlässige Quellen berichten von einer Erhöhung der Anzahl von 5% oder mehr bei aus Samen gezüchteten weiblichen Pflanzen.

Seriöse Gartenbau-Forschungsergebnisse mit anderen Pflanzen bestätigen diese Berichte.

In Anhang B folgen Information über die Installation eines CO_2-Systems.

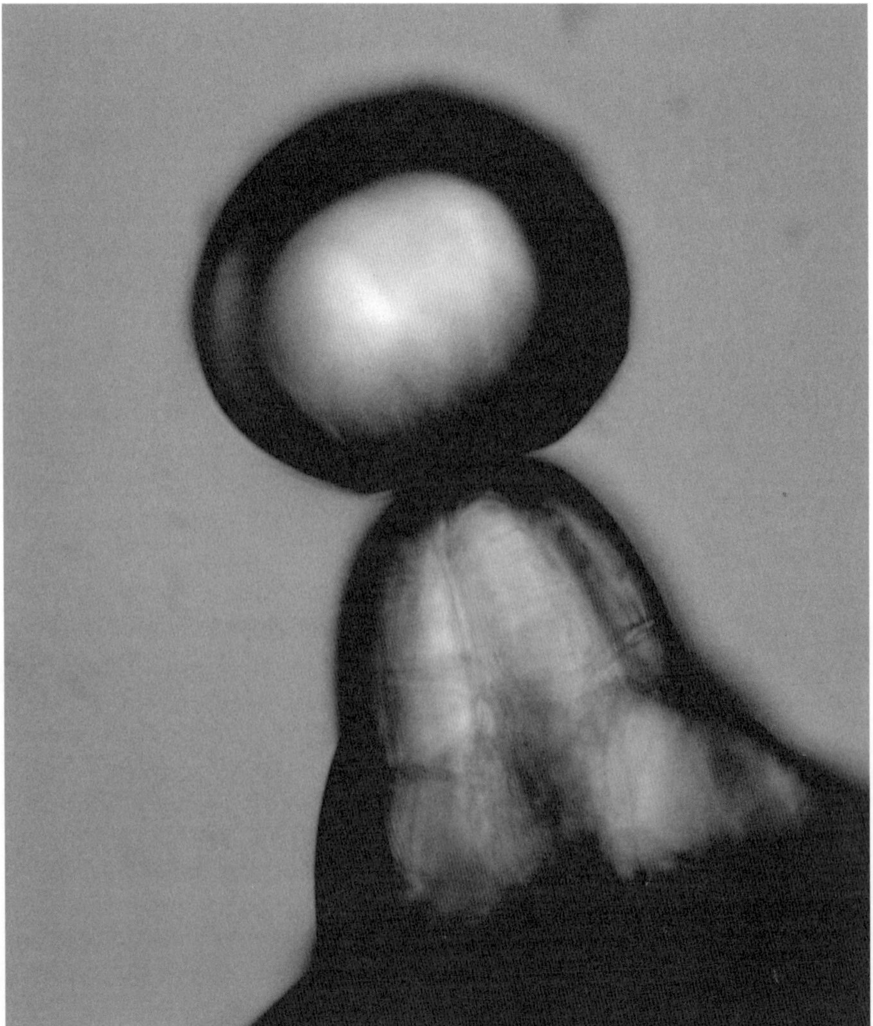

Vergrösserung einer köpfchentragenden Drüse.

6

Das Unbekannte

Zucker

Einige Experimente, Pflanzen Zucker zuzuführen, um sie zur Blüte zu bringen, waren erfolgreich – sogar ohne Licht. Manche Blumenhändler empfehlen ihren Kunden, einen Teelöffel Puderzucker ins Blumenwasser zu schütten, damit die Blumen besser zur Blüte kommen.

Auch haben manche Marihuana-Züchter darüber berichtet, dass Marihuanablüten mit Zucker schneller gedeihen.

Wenn man das ausprobieren will, sollte man es nur während der letzten 2–3 Wochen der Blüteperiode tun. Der Zucker hilft nur beim Reifen der Blüten, nicht bei ihrer Bildung. Man nehme einen Esslöffel Zucker auf ungefähr dreieinhalb Liter Wasser, der mit den verwendeten Kunstdüngern gemischt wird. Zucker, der zu früh in der Blüteperiode zugeführt wird, kann das Blühen tatsächlich verzögern.

Aromastoffe

Pflanzen haben kein Immunsystem, das sie vor Krankheit und Seuchen schützt. Sie haben ein Abwehrsystem, dass auf der Produktion und dem Abbau von Chemikalien innerhalb der Pflanze basiert. Wissenschaftler haben kürzlich herausgefunden, dass Methyl-Salizylat die Immunreaktion in Pflanzen auslöst.

Methyl-Salizylat wird aus natürlich vorkommendem Öl des Wintergrüns gewonnen, und ist als Inhaltsstoff in schmerzlindernden Salben enthalten. White Flower™-Balsam enthält zum Beispiel 40% Öl des Wintergrüns. Dieses hocharomatische Öl wird von einigen Erzeugern benützt, um den Geruch des reifenden Marihuanas zu überdecken. Es kann auch gegen Insekten und Krankheit helfen. Das Öl sollte nicht auf die Haut oder in der Nähe der Augen aufgetragen werden und ist grundsätzlich nur für den äusserlichen Gebrauch geeignet.

Salizylat ist auch die Basis von Aspirin. Einige Züchter haben deshalb Aspirin oder Weiderinden-Tees mit Erfolg bei Ablegern benutzt. Zwei Aspirin in einem Liter Wasser aufgelöst können den gleichen Effekt haben wie das Öl, das man auf die Pflanzen spritzt.

Zellen mit mehrfachem Chromosomensatz

Chromosomensatzverfielfachung ist eine genetische Veränderung einer Pflanze, die sowohl künstlich als auch natürlich sein kann. Es gibt zahlreiche Formen von Chromosomensatzverfielfachung. Alle besitzen eine andere Anzahl Chromosomen als die normale, diploide Pflanze. Diploide haben 2 Chromosomensätze. Marihuana hat 2 Sätze von 10 oder 20 Chromosomen. Diese Chromosomen tragen genetische Informationen, die sich vermischen und bei der Kreuzung neue Sätze bilden.

Einige der veränderten Pflanzen haben einen Chromosomensatz, andere drei oder vier. Einige Pflanzen haben bis zu acht Sätze von Chromosomen (Octoploide), wie zum Beispiel bestimmte Arten von Weizen. Die mögliche Vielfalt ist ein Faktor, der die Züchtung einer nützlichen Art so ungewiss macht. Man weiss tatsächlich nie, was für ein Sorte die Behandlung hervorbringt.

Es gibt auch andere Formen von Polyploide, die Aneuploide genannt werden und eine abweichende Anzahl von Chromosomensätzen haben. Falls eine der 10-Chromosomensätze beim Marihuana nur 9 Chromosomen hätte, würde man die Pflanze zum Beispiel ein monosomisches Aneuploid nennen. Falls sie 11 Chromosomen in einem Satz hätte, würde sie ein trisomisches Aneuploid sein.

Die meisten Arten der Polyploide sind genetisch instabil, zumindest anfänglich. Polyploide mit einer ungewöhnlichen Anzahl von Chromosomensätzen sind gewöhnlich steril, wie auch die Aneuploiden. Die Chromosomen müssen paarweise vorhanden sein, und sogar Einzel-Chromosomen ohne einen Partner können Sterilität oder Schlimmeres verursachen. In vielen Fällen ist das tödlich für eine Pflanze.

Polyploide sind für den Gartenfreund von Interesse, weil, auch wenn sie Mutationen sind, eine grosse Zahl sowohl der kultivierten als auch der wilden Pflanzen dazugehören. Man vermutet, dass mehr als ein Drittel aller Pflanzen Polyploide sind. Mutationen, obwohl häufig offensichtlich nutzlos, treiben die Evolution voran. Durch Wahrscheinlichkeit und manchmal Glück gezüchtet, zeigen einige Mutationen Vorteile gegenüber den normalen Arten. Zum Beispiel bringen viele Polyploide einen höheren Ertrag als ihre diploiden Kollegen. Zu den bekannten Pflanzen, die Polyploide sind, gehören Bananen, Zuckerrohr, Kaffee, Kartoffeln, einige Apfelsorten, Tabak und Erdnüsse.

Mit der Zeit stabilisiert sich das zunächst unbeständig Reproduktions-Potential der Polyploiden, und wenn sie sogar gleiche Chromosomenzahlen bilden, entwickeln sie wie Diploide lebensfähige Samen.

Polyploide sind für den Marihuanazüchter wegen einer Arbeit von H. E. Warmke in den 40er Jahren immer noch von Interesse. Damals fand man heraus, dass Colchicin ($C_{22}H_{25}CO_6$), aus der gewöhnlichen Herbstzeitlosen gewonnen, die Chromosomensatzvervielfältigung bei diploiden Pflanzen verursachen könnte. Wegen der grossen Zahl von Polyploiden unter den Kulturpflanzen mit hohen Ernteerträgen hat man vermutet, dass solche Pflanzen durch Chromosomensatzvermehrung geschaffen werden könnten. Warmke behauptete, dass das triploide und tetraploide Marihuana, das er gezüchtet hatte, doppelt so wirksam sei wie die diploide Art. (Er benutzte Auszüge der Pflanzen um damit Fische zu töten und so die Wirksamkeit der Auszüge zu messen.) Spätere Untersuchungen legen nahe, dass man die Grösse der letzten Blütenstaude (die Blüte an der Spitze des Hauptstamms) durch Verdoppeln der Zahl von Chromosomensätzen auf das Zweifache vergrössern könnte. Tatsächlich hat die triploide Art, obwohl ihr Samen steril ist, die Tendenz, die grössten Blüten zu produzieren. Eine triploide Cannabis-Pflanze kann jedoch durch Ableger vermehrt werden.

Kommerzieller Gartenbau mit all seinen Möglichkeiten hat trotz aller Versuche mit Polypoiden nur sehr dürftige Ergebnisse hervorgebracht. Die kernlose Wassermelone und einige Zierpflanzen scheinen alles zu sein, was diese neue Arten an Ergebnis gebracht haben. Das liegt vielleicht an den strengen Vorgaben und der Monotonie, die den kommerziellen Gartenbau ausmachen. Auch können polyploide Arten oft nicht in der Nähe normaler, diploider Arten der gleichen Pflanze gezüchtet werden, weil die Fremdbestäubung negative Auswirkungen haben kann.

Marihuanazüchter, die sich davon nicht einschüchtern lassen, könnten sich ermutigt fühlen, ihre eigenen Arten zu finden. Wer weiss? Vielleicht haben sie Glück.

Marihuanasamen können mit Colchicin behandelt werden, indem man sie über Nacht in einer 1%igen Lösung von Colchicin einweicht. Colchicin ist sowohl ein Gift als auch ein Mutagen, das auch von anderen Pflanzenzüchtern benutzt wird (20mg sind tödlich!). Es braucht nur wenig, um Samen zu behandeln, und man sollte nicht mehr nehmen als es braucht. Colchicin zu bekommen ist nicht leicht, ausser wenn man anerkannter Züchter ist. (Die Chemikalie wird auch als ein Medikament bei der Behandlung von Gicht eingesetzt.)

Wie gesagt ist die Herbstzeitlose ein Lieferant dieser Chemikalie. Da es sehr kleine Mengen von Colchicin braucht, 1% für die Samenbehandlung und 0,5% für Behandlung wachsender Spitzen, kann man sie leicht durch die Zerkleinerung der Blumenzwiebeln gewinnen. Die Blumenzwiebeln werden mit einer Knoblauchpresse ausgepresst (Vorsicht! Kann für den Züchter tödlich enden!). Die Samen werden in der Flüssigkeit über Nacht eingelegt und können dann spriessen. Um die Samen zu behandeln, müssen sie eigentlich nur angefeuchtet werden, daher braucht es so wenig Flüssigkeit. Die Zahl der Samen, die nach dieser Behandlung absterben ist relativ hoch. Nur ungefähr 10% der behandelten Samen wird keimen, falls die Behandlung erfolgreich war.

Die Behandlung von wachsenden Spitzen ist auch verhältnismässig leicht. Der Saft der Herbstzeitlose muss mit mindestens der gleichen Menge Wasser vermischt werden. Ein Tropfen Lanolin in der Lösung ist hilfreich. Tupfer können mit der Lösung angefeuchtet und über der wachsenden Spitze angebracht werden. Die Behandlung dauert gewöhnlich ein oder zwei Tage. Längere Behandlungen verursachen häufigere Teilungen der Chromosomen, aber werden die Pflanze wahrscheinlich auch schädigen. Auch wenn es eine organische Quelle hat, sollte das Colchicin der Herbstzeitlosen mit Vorsicht benutzt werden. Man sollte jeden Körperkontakt vermeiden und die Dämpfe nicht einatmen. Handschuhe, Pinzetten, Gläser und anderes sind ein guter Schutz, um den Kontakt zu vermeiden. Eine Veränderung der Blätter sollte die Wirksamkeit der Behandlung anzeigen.

Ein Züchter, der Marihuanasamen mit Colchicin behandelte, berichtete von Abnormalitäten in der Blattstruktur, Sterilität, und sonst wenig. Ein Photo in der »Ask Ed« Kolumne der »High Times« zeigte eine polyploide Art von Marihuana mit bunten Blättern, die kaum als Cannabis zu identifizieren war. Über die Lebensfähigkeit dieser Pflanze war nichts zu lesen. Züchter, die diese Chemikalie in der gewöhnlichen Blumen-Industrie benutzen, mögen Tausende von Pflanzen haben, mit denen sie arbeiten. Es wird genausoviele Marihuanapflanzen brauchen, um zu Erfolg zu kommen.

Ausserdem ist es fraglich, ob mit Colchicin behandelter Samen nicht auch giftiges Pflanzenmaterial produziert. Einige Autoren haben vorgeschlagen, das Pflanzenmaterial bis zur zweiten Generation nicht zu rauchen. Es gibt keinen Zweifel, dass das Colchicin hochgiftig ist: doch wird nur eine kleine Menge benutzt und das Gift neigt dazu, sich zu zersetzen Höchstwahrscheinlich kommt die Vorstellung, dass Samen, die mit Colchicin behandelt werden, giftige Pflanzen hervorbringen von der Tatsache, dass in der kommerziellen Pflanzenindustrie diese Chemikalie oft direkt auf Pflanzen gespritzt wird. Diese Art von Behandlung würde zweifellos die Pflanzen ungeniessbar machen.

Die Behandlung von Marihuanasamen mit Colchicin ist wahrscheinlich nicht gefährlicher als die Pilzbehandlung, die viele Züchter anwenden, um das »Abnässen« zu bekämpfen.

Was aber kann man mit diesen Polyploiden machen? Kann die Pflanze sich vermehren? Wird sie lebensfähige Samen haben? Ist sie in irgendeiner Hinsicht besser als die Art, aus der sie geschaffen worden ist? Züchter sollen die Pflanze durch Ableger vermehren, bis feststeht, ob das Marihuana lebensfähige Samen produzieren kann. Ausser Sterilität gibt es ein anderes Problem beim Versuch, polyploides Marihuana zu züchten: der Mangel an Pflanzen beiderlei Geschlechts. Sogar wenn männliche und weibliche polyploide Pflanzen verfügbar sind, haben sie oft unterschiedliche Formen, die die Gewinnung lebensfähigen Samens unmöglich machen. Kreuzungen zwischen polyploidem und diploidem Marihuana sind möglich und haben soviel Aussicht auf Erfolg bei der Zucht wie die Kreuzung von zwei polyploiden Arten. Man kann eine wilde Samenzucht mit vielen Variationen erwarten, falls man Erfolg hat.

Für die vielen Generationen, die nötig sind, um ein vorteilhaftes und brauchbares Polyploid zu züchten, braucht man nicht allzu lange, wenn einige Gewächshaus-Züchter eine Ernte pro Monat einbringen. Da die letzte Staude, die Blüte an der Spitze des Hauptstammes, oft der Teil der Pflanze ist, der am meisten durch die Chromosomensatzvermehrung beeinflusst wird, ist das Marihuana ein wahrscheinlicher Kandidat für grossen Erfolg als Polyploid.

Von anderen Methoden heisst es, dass sie gelegentlich Polyploide produzieren. Weitgehende und fortwährende Entlaubung bringt gelegentlich Polyploide hervor, wenn das vegetative Wachstum wieder beginnt. Merkwürdige Wachstumsmuster auf »Mutter-Pflanzen«, die regelmässig zurückgeschnitten wurden, könnten anzeigen, dass eine Veränderung stattfindet. Von sehr kurzen Tageslicht-Zyklen (8 Stunden oder weniger) wird gesagt, dass sie gelegentlich Polyploide bei Pflanzen, die kurze Tage brauchen und zu denen auch Marihuana gehört, produzieren.

Ableger, die in einem tropischen Aquarium gezüchtet wurden.

Gute Ableger leben ewig

Ableger oder Schnittlinge sind abgeschnittene Spitzen von Marihuanapflanzen. Sie werden dann dazu gebracht, neue Wurzeln zu treiben. Eine neue Pflanze ist entstanden, genetisch mit derjenigen identisch, von der der Schnittling abgeschnitten wurde. Schnittlinge zu verwenden ist eine einfache Methode eine rein weibliche Ernte heranzuziehen.

Nur weibliche Pflanzen zu haben halbiert die Zahl der Pflanzen für eine Ernte verglichen mit der aus unbehandelten Samen gewachsenen. Ausserdem werden nur die besten weiblichen Pflanzen weiterverwandt. Nach einigen Ernten werden alle Marihuanapflanzen kräftig und weiblich sein.

Das Arbeiten mit Schnittlingen kann kompliziert sein, besonders wenn das Marihuana blüht und man schneiden will. Die Spitzen sind zart und benötigen ein ganz genaues Mass an Wärme, Feuchtigkeit und Belüftung. Wie gewöhnlich gibt es Dutzende von Arten der Erzeugung von Schnittlingen. Im Sommer kann man einige Triebe in einem Behältnis mit Wasser Wurzeln treiben lassen. Kleine Würfel aus Steinwolle werden von vielen Züchtern benützt, die ein grosse Menge von Schnittlingen brauchen. Torf-Würfel, die sich beim Giessen vergrössern, gehen auch, falls ihr ph-Wert neutral ist.

Man denke an Fische, wenn man eine leichte, automatische Methode für das Treiben von Wurzeln bei Ablegern sucht. Tropische Fische sind gemeint. Das Aquarium und die Ausrüstung, die es für tropische Fische braucht, sind ideal dafür. Ein dreihundertfünfzig Liter Aquarium (bis zu 60 Ableger) mit Heizgerät und Lüftung ist nicht allzu teuer. Diese Systeme produzieren alles, was die Ableger brauchen: Wärme, Feuchtigkeit und sauerstoffreiches, warmes Wasser. Man installiere das Aquarium, nehme eine Prise Fungizid und Kunstdünger und verwende die Beleuchtung für vegetatives Wachstum.

In der Regel sterben Schnittlinge aus zwei Gründen ab: Viren und alte Mutter-Pflanzen. Obwohl Marihuana eine einjährige Pflanze ist, wird es sich wie eine kurzlebige mehrjährige verhalten, wenn man es im vegetativen Wachstumszyklus hält. Das sind die »Mutter-Pflanzen«, von denen die Schnittlinge, oder Ableger, genommen werden. Marihuana kann so ein paar Jahre überleben. Schliesslich wird jedoch die »Mutter-Pflanze« sterben, weil ihr inneres Phloem, das Siebteil des Saftbündels, verstopft sein wird, und die Pflanze den Saft nicht länger bis in die Zweige transportieren kann.

Im Sommer werden Ableger fast überall Wurzeln treiben.

Ein Aquarium mit 60 Ablegern. Das Styropor wird einfach zerbrochen, wenn die Pflanzen reif zum Setzen sind.

Auch wenn die Ursprungspflanze stirbt, ist das kein Grund für den Ableger, nicht weiterzuleben. Da die Ableger von den Spitzen wachsender Pflanzen genommen wurden, können sie als neue »Mutter-Pflanze« dienen, die so lange leben werden wie ihre Vorläuferinnen. Das ständige Zurückschneiden, um Ableger zu bekommen, führt auch dazu, dass das Leben der »Mutter-Pflanze« verkürzt wird, das bei einer einjährigen Pflanze ohnehin kurz ist. Mutter-Pflanzen sterben oft schnell und unerwartet, so dass es gut ist, die Pflanzen häufig auszutauschen.

Viele Marihuanazüchter behalten ihre »Mutter-Pflanzen« nicht. Sie nehmen die Ableger vom unteren Teil der Pflanzen, gerade bevor sie zur Blüte gezwungen werden. Falls man mit der Schnittlings-Technik vertraut ist, ist dies ein guter Weg, und man vermeidet das Syndrom der »ermüdeten« Mutter-Pflanze. Man könnte auch eine Pflanze oder zwei behalten für den Fall, dass die Ableger keine Wurzeln bilden. Die kleinen, unteren Zweige für Ableger zu nehmen, vermehrt tatsächlich die Ernte an den oberen, wenn die Pflanzen danach zur Blüte gebracht werden.

Ableger gehen oft ein, wenn sie sich einen Virus eingefangen haben. Viren sind hinterhältig und unmöglich loszuwerden, aber für gewöhnlich selten. Insekten wie Spinnmilben und Weisse Fliegen sind Träger von Viren. Viruskrankheiten kommen oft nach einer heftigen Insektenflut vor und es gibt kein Gegenmittel. Die meisten Viren sind nicht tödlich, sie schwächen die Ableger einfach. Die Ableger sterben nicht plötzlich, sie schwinden einfach dahin. Viren werden selten durch Samen übertragen, vielleicht ist das der einzige Weg, um diese Viecher loszuwerden.

Nur mit weiblichen Samen züchten

Es ist verhältnismässig leicht, eine rein weibliche Ernte zu bekommen, wenn man die Ableger weiblicher Pflanzen Wurzeln treiben lässt. Das funktioniert gut bei Marihuanazüchtern, die aufeinanderfolgende Ernten haben, oder bei denen, die leicht an Ableger kommen.

Die meisten Züchter brauchen jedoch dann und wann Samen. Das Problem ist, dass sogar unter guten Wachstumsbedingungen im Durchschnitt nur ungefähr 52% der Samen, die man sät, weiblich sein werden.

Einige Wachstumsfaktoren sind dafür bekannt, das Entstehen weiblicher Pflanzen zu stimulieren. Bei warmen Temperaturen zum Beispiel werden 5% mehr weibliche Pflanzen produziert. Marihuanapflanzen, die man zum Blühen zwingt, wenn sie noch jung sind, werden auch eine geringfügig höhere Anzahl von weiblichen Exemplaren erbringen. Hormonbehandlungen mit Äthylen und Östrogen bewirken einen bedeutend höheren Prozentsatz weiblicher Pflanzen als normal (60–70%), aber eben doch nicht 100%.

Züchter haben lange nach einer Methode zur Produktion von Samen gesucht, die alle weibliche Pflanzen hervorbringen. Weil das Geschlecht von Marihuana etwas fliessendes ist und Pflanzen, die sowohl männliche als auch weibliche Blüten tragen, häufig sind, wurden zweigeschlechtliche Pflanzen zu Kandidaten für Forschungen auf diesem Gebiet. Es hat sich erwiesen, dass männliche Blüten, die sich auf hauptsächlich weiblichen Pflanzen bilden, das Y-Chromosom (männlich) nicht entfalten. Weibliche Blüten, die man mit diesen männlichen Blüten bestäubt, werden tatsächlich Samen produzieren, die nur weibliche Pflanzen hervorbringen.

Der Trick dabei ist, nur Pollen von Pflanzen mit einer schwachen Zwitter-Tendenz zu sammeln, sonst entstehen deutlich zweigeschlechtliche Pflanzen. Viele der verbreiteten Gewächshausarten-Sorten wie Skunk 1 und Shiva sind leicht zweigeschlechtlich. Pollen von diesen besonderen männlichen Blüten können zur Befruchtung weiblicher Blüten der gleichen Pflanze dienen, oder für die Befruchtung anderer weiblicher Pflanzen gesammelt werden.

Das Sammeln der Pollen von einzelnen männlichen Blüten ist ein bisschen langweilig aber es kann mit einer Saugvorrichtung bewerkstelligt werden. Eine kleine Bürste mit einem Luftbalg, die man braucht, um Staub und Dreck von einer Kameralinse zu entfernen, ist dazu sehr nützlich. Man nimmt die Bürste einfach ab, presst den Balg zusammen, um die Luft herauszupussten, und hält die Öffnung des Balgs über die männlichen Blüten. Wenn man den Gummi-Balg loslässt, wird er die Pollen einsaugen. Nun entleert man den Balg mit den Pollen über den Blüten, die befruchtet werden sollen.

Samen, der durch diese Methode produziert wird, wird nur weibliche Pflanzen hervorbringen. Obwohl diese Pflanzen alle weiblich sind, müssen sie deswegen nicht gross sein. Einige Züchter berichten auch, dass die Tendenz zu männlichen Blüten mit der Zeit bei den Abkömmlingen steigt. Statt einer vereinzelten männlichen Blüte gibt es genug, um die Pflanze leicht zu besamen. Auch dabei bewährt sich die Technik, auf Marihuana mit leichter Tendenz zur Zweigeschlechtlichkeit zurückzugreifen.

Um die Tendenz zu Zweigeschlechtlichkeit zu vermeiden, versuchen einige Züchter, männliche Blüten auf weiblichen Pflanzen zu erzeugen, die diese Tendenz nicht haben. Sie probieren es durch Behandlungen mit Testosteron und Weidenextrakt (Aspirin).

Männliche Pflanze. – Die ersten Blüten entwickeln sich am Hauptstamm und zeigen das Geschlecht der Pflanze. Die männlichen haben charakteristische Pollenbeutel, die weiblichen haben frische, weisse Stempel (um den männlichen Pollen aufzunehmen) und die zweigeschlechtlichen beides.

Weibliche Pflanze

Zweigeschlechtliche Pflanze

Doppelte Blüten

Bei Verwendung von Kunstlicht kann bei einigen Pflanzen eine ständige Blütenfolge erreicht werden. Das geschieht durch eine Technik, die ein Züchter »unterbrochene Photoperiode« nannte – der Blütezyklus wird unterbrochen und die Pflanzen kehren zum vegetativen Wachstum zurück, nachdem die Blüten sich gebildet haben, aber bevor sie reifen.

Einige Arten von Marihuana reagieren auf diese Änderung der Photoperiode mit der Bildung von weiteren Blüten. Die ersten Blüten, obwohl unreif, wenn das Licht auf vegetatives Wachstum (18–24 Stunden) zurückgeregelt wird, werden trotzdem auch während der langen Tage ausreifen. Es bilden sich neue Spitzen, während sich die Pflanze im zweiten vegetativen Kreislauf befindet. Bei diesen werden sich neue Blüten bilden, sobald der Blüte-Kreislauf wiederhergestellt ist. Falls der Haupt-Stamm zum Wachsen gebracht werden kann, erreicht diese Blüte fast die Grösse der ersten.

Obwohl diese Technik den Blütezyklus bis zu drei Wochen verlängern kann, kann sie auch das Gewicht der Blüte um 30 Prozent oder mehr steigern.

Diese Technik funktioniert gut mit tropischen Pflanzen und tropischen Hybriden, die das Erbgut thailändischer oder kolumbianischer Pflanzen in sich tragen. Sie sollte auch bei jeder Pflanze gut funktionieren, deren Ableger ohne Probleme Wurzeln treiben.

Verjüngung

Marihuana ist eine einjährige Pflanze. Die weibliche Pflanze blüht, verstreut ihre Samen und wird dann geerntet. Aufeinanderfolgende Generationen von Marihuana wachsen für gewöhnlich aus Samen, die einmal gesät wurden.

Aber als Züchter mit Hilfe von Ablegern aufeinanderfolgende Ernten produzierten, hielten sie mindestens einige Zuchtpflanzen jahrelang am Leben, indem sie sie langen Lichtzyklen aussetzten. Diese Pflanzen werden gewöhnlich häufig zurückgeschnitten, um Ableger zu bekommen.

Einige Züchter verjüngen so ganze Plantagen von Pflanzen nach der Ernte. Die Empfänglichkeit von Marihuanapflanzen für Verjüngungs-Techniken ist jedoch sehr unterschiedlich, und sie funktionieren nur bei bestimmten Sorten gut. Einen Anhaltspunkt für die Eignung einer Sorte gibt die Weise, auf die sie Ableger bildet. Falls es ihr leicht fällt, wird diese Art wahrscheinlich leicht zu verjüngen sein. Sorten, die von tropischem Sativa abstammen, sind ebenfalls Kandidaten für die Verjüngung. Bei reinen Indika-Sorten kann es jedoch recht schwierig sein.

Eine neue Pflanze entsteht, nachdem die Hauptpflanze mit der Blüte begonnen hatte.

Eine Pflanze, die nach der Blüte zurückgeschnitten wurde, um sie zu verjüngen.

Eine verjüngte Pflanze

Nach der Ernte werden die Pflanzen bis zum zweiten Zweig zurückgeschnitten, wobei man soviele Blätter wie möglich und einige kleine Blüten belässt. Man gibt der Pflanze einen Dünger mit hohem Stickstoffgehalt und lässt sie mindestens 18 Stunden im Licht. Gute Sorten werden in 1–2 Wochen mit neuen Spitzen reagieren.

Die verjüngten Pflanzen werden viele Äste haben. Sie eignen sich gut für Ableger. Wenn sie blühen, werden sie viele kleine Blüten produzieren. Züchter, die die ganze Plantage verjüngen, sollten die Pflanzen für beste Ergebnisse radikal bis auf einen oder zwei Triebe beschneiden.

Die Pflanzenhormone Indol-3-Essigsäure (IAA) und X-Naphthalene (NAA) sind oft die wirksamen Bestandteile in Mitteln, die das Treiben der Wurzeln fördern. Diese Mittel stimulieren das Wurzelwachstum bei Ablegern. Sie sind auch bekannt dafür, das neue Wachstum von Marihuana nach einer Blüte zu stimulieren, und können die Zeit, die das Marihuana dafür benötigt, erheblich verkürzen.

Diese Hormone helfen, die Pflanze verhältnismässig schnell aus der Blütephase herauszuholen, sobald das Licht wieder auf die Wachstumsphase abgestimmt ist. Man sollte mehrmals Blatt-Sprays anwenden, etwa halb so viel wie bei Ablegern, und auch die Erde damit behandeln.

Auch wenn es nicht möglich sein mag, eine ganze Plantage zu verjüngen, so hat doch die Verjüngung einzelner Pflanze Vorteile. Die Verjüngung einer Pflanze, die sich bei der Blüte als ein Hit zeigt, ist nur ein Beispiel. Blattbehandlungen helfen dabei. Die schwierigsten Pflanzen können bis zu fünf Wochen dafür brauchen. Sobald die Pflanze wieder wächst, kann man Ableger züchten, um das Marihuana zu vermehren.

Man sollte zurückhaltend sein bei der Anwendung von »Wurzeltreibmitteln«. Diese chemischen Stoffe sind bekannt dafür, dass sie die Blüte bei Cannabis unterdrücken und verzögern können. Sie sollten nicht bei Pflanzen benutzt werden, die bald zur Blüte gebracht werden sollen.

Das Bestäuben einer weiblichen Pflanze

7

Techniken der Züchtung

Die erzwungene Blüte unter Kunstlicht bietet einzigartige Gelegenheiten für Züchter, die an der Züchtung von Pflanzen Interesse haben. Da Züchter mit Kunstlicht und Bewässerungsanlagen 6 oder mehr Ernten pro Jahr einbringen, können die Ziele einer Züchtung in kurzer Zeit realisiert werden. In Verbindung mit den Möglichkeiten, die eine ausgewählte »Mutter-Pflanze« für Ableger als weibliche Zucht-Pflanze, wobei nur die männlichen verändert werden, können neue Arten sehr schnell stabilisiert werden. Sobald zufriedenstellender Samen vorliegt, können sowohl die männlichen als auch weiblichen Pflanzen für die Vermehrung durch Ableger benutzt und am Leben erhalten werden, um dieselbe Kreuzung immer und immer wieder herzustellen.

Die Zucht wird als eine komplizierte Kunst betrachtet und angesichts der vielen Sorten von Marihuana scheint dies wahr zu sein. Denn für eine diploide Pflanze (die häufigste Art) hat Marihuana eine verhältnismässig hohe Anzahl von Chromosomen (20). Da die Chromosomen die genetische Information bei der Fortpflanzung weitertragen, garantiert diese hohe Zahl viele Variationen. Da Marihuana eine getrenntgeschlechtliche Pflanze ist (es gibt männliche und weibliche Pflanzen), und die Nachfolger von beiden Elternteilen erzeugt werden können, ist es leicht einzusehen, dass die Zucht ein kompliziertes Geschäft sein kann.

Viele Arten von Marihuana, die heute den Züchtern zur Verfügung stehen, sind Hybride und schon ausgiebig gekreuzt worden. Die Nachkommenschaft dieser Art von Züchtungen ist sehr variabel, aus Samen der gleichen Art entstehen oft sehr verschiedene Pflanzen. Obwohl Vielfalt die Würze des Lebens sein mag, kann sie in dieser Form besonders für Freiland-Züchter in nördlichen Gebieten zum Problem werden. Züchter in diesen Gebieten brauchen eine Marihuanaart, die mit Sicherheit früh reif sein wird.

Trotzdem kann es mit der Zucht gut vorangehen, wenn der Züchter wohlüberlegte Ziele hat. Er muss wissen, welche Resultate mit den verfügbaren Pflanzen und Samen möglich sind.

Diese Ziele bestimmen auch den Schwierigkeitsgrad und die Zeit, die es braucht, um sie zu erreichen. Das leichteste ist wohl, eine Art von Samen so zu stabilisieren, dass die Pflanzen alle zur gleichen Zeit blühen. Als nächstes sollte man die entstehenden Hybride stabilisieren. Ein dritter, sehr schwieriger Schritt wäre, einen ertragreichen Hybriden zu züchten.

Vor Beginn muss der Züchter die Eigenschaften seiner Samenart bestimmen. Neben der Bestimmung der Qualität des Cannabis, das aus den Samen gezüchtet wird – die leicht zu ermitteln ist–, sollte der Züchter versuchen, auch andere Merkmale, zum Beispiel ob das Saatgut aus einer Linie stammt, ein neue Kreuzung oder ein Hybrid ist, zu bestimmen. Oft braucht es mehrere Ernten aus dem gleichen Saatgut, um dies festzustellen. Eigenschaften wie zum Beispiel die Blattstruktur der Pflanzen, die Grösse der Blüten, das Datum der Reife oder die Grösse der Pflanzen geben oft Hinweise darauf. Einheitlichkeit ist ein Anzeichen für stabilisiertes Saatgut, während Vielfalt von einer kürzlichen Kreuzung zeugt.

Wenn man die Bemühungen der Marihuana-Züchter kritisieren will, dann dahingehend, dass die Tendenz, Sorten zu kreuzen und Hybride zu erzeugen, übertrieben wird. Dies ist teilweise eine Folge der Tatsache, dass fast die ganze Literatur der Marihuana-Kultur von einem Nachlassen der Kraft berichtet, wenn die Marihuanapflanzen nicht weitergezüchtet werden. Dies stimmt zum Teil, besonders wenn man bedenkt, dass der Ursprung manchen Saatguts gerade mal aus einigen wenigen, verstreuten Samen stammt, die in dreissig Gramm Sinsemilla gefunden wurden.

Nichtsdestoweniger nennt tatsächlich die wissenschaftliche Literatur Marihuana (Hanf) als eine der wenigen Pflanzen, die in den meisten Fällen nicht durch Inzucht leidet.

Wie schon früher erwähnt liegt dies wahrscheinlich an der grossen Zahl von Chromosomen (20) und daran, dass die Pflanze getrenntgeschlechtlich ist. Marihuana ist oft in Gebieten sehr hochgezüchtet, in denen es seit Jahrhunderten kultiviert worden ist. Sogar diese hochgezüchteten Sorten können besonders in Gebieten sehr grosse Unterschiede zeigen, in denen bei männlichen Pflanzen keine Auslese gemacht wurde.

Eines der Hauptprobleme der Inzucht, ausser dem allgemeinen Nachlassen der Kraft, ist die Stabilisierung auch der nachteiligen Eigenschaften, wie zum Beispiel einer hohen Anfälligkeit für Krankheit. Allerdings ist dies ein allgemeines Problem bei der Zucht, ob nun Inzucht oder nicht. Tatsächlich scheinen nachteilige Eigenschaften bei Hybriden wahrscheinlicher zu sein als bei hochgezüchteten Sorten. Ein unbekanntes Problem kann bei einem hochgezüchteten Saatgut in Erscheinung treten, wenn dieser Samen bei einem Hybrid benutzt wird. Das Problem wird bei der hochgezüchteten Pflanze unterdrückt, vielleicht durch ein ausgleichendes Gen, und sich wahrscheinlich nur bei wenigen Pflanzen zeigen. Wenn das Saatgut benutzt wird, um einen Hybriden – besonders mit einer sehr unähnlichen Pflanze – zu erzeugen, kann das Problem beim Hybriden auftauchen und sich als eine Eigenschaft erweisen. Pflanzen aus Saatgut mit offensichtlichen oder versteckten Problemen sollten für Zucht-Zwecke nicht benützt werden.

Schliesslich sollte man nicht ungeduldig sein bei der Auszüchtung einer Sorte von Marihuana. Samen, aus denen widerstandsfähige Pflanzen mit wiederkehrenden, ähnlichen Eigenschaften wachsen, sind mindestens soviel Wert wie die meisten Hybriden und Kreuzungen. Hybride entstehen schliesslich hauptsächlich aus hochgezüchtetem, einheitlichem Saatgut. Dies kann man leicht und mit einfachen Techniken erhalten, wie weiter oben beschrieben wurde.

Es ist wahr, dass bestimmte Hybride des Marihuana bei den ersten Kreuzungen (F1 & F2) ihre Vorläufer hinsichtlich Wirksamkeit, Frühe der Blüte oder Blütengrösse und Duft übertreffen können. Dies ist aber nicht immer der Fall, jedenfalls produzieren die meisten Hybrid-Kreuzungen keine besseren Pflanzen als ihre Eltern.

Das Problem bei sogar den besten Hybriden ist, dass ausser bei Kreuzungen zwischen genetisch sehr ähnlichen Pflanzen das Saatgut sehr unterschiedliche Qualitäten hat. Die eindrucksvolle erste Generation, F1, die grosse Übereinstimmungen hat (alle Pflanzen sind ähnlich), entwickelt sich bei den nachfolgenden Generationen in verschiedene Richtungen. Die Pflanzen entwickeln sich in den folgenden Generationen zu den Vorläufern zurück, und zeigen sogar mehr Variationen als es beim ursprünglichen Saatgut der Fall war. In der fünften Generation, F5, werden nur 40% der Pflanzen, die aus den Samen gezüchtet wurden, den Hybriden der ersten Generation ähneln.

Pofessionelle Züchter rechnen mit zehn oder mehr Generationen der Selektion, die nötig sind, um die Eigenschaften des Saatguts von Hybriden zu stabilisieren. Doch am häufigsten wird das F1-Hybrid verkauft. Wenn der Samen unbeständig ist, und regelmässig gekauft werden muss, ist dass natürlich für den Samenzüchter von Vorteil.

Es soll noch erwähnt werden, dass die »Hybridschmelze«, bei der es immer weniger Pflanzen mit den gewünschten Eigenschaften der F1 Generation gibt, oft mit dem Kräfteverlust verwechselt wird, der mit der Inzucht verbunden ist. Ein häufiges Ergebnis sind Pflanzen mit unterschiedlichem Reife-Datum oder Lichtbedürfnissen. Die Pflanzen, die spät reifen oder intensives Licht brauchen, werden wahrscheinlich in vielen Umgebungen nicht gut gedeihen. Falls die Pflanze ein Hybrid ist, werden mehr und mehr dieser »Bastarde« bei den folgenden Generationen auftauchen und darauf schliessen lassen, dass das Saatgut erschöpft ist. Züchter, die diese Pflanzen mit einer anderen Sorte kreuzen, werden ungewollt sogar eine noch grössere Vielfalt durch das Saatgut produzieren, auch wenn die Kreuzung anfänglich einheitlichen Nachwuchs produzieren würde. Ein anderes Zeichen dafür, dass man mit einem Hybrid und nicht mit einem überzüchteten Samen arbeitet, sind Pflanzen mit unterschiedlichen Blattstrukturen (einige Pflanzen haben breite Blätter, andere schmälere).

Hybride haben einen Vorteil für den Samen-Züchter. Da die Hybride in der Regel ausser in der ersten Generation, F1, instabil sind, es sei denn, die Pflanze ist geklont, müssen die Samen ständig nachgekauft werden. Dazu kann er beide Eltern-Pflanzen klonen und fortwährend den Samen des Hybriden produzieren. Aber das kann natürlich jeder machen.

Die Vor- und Nachteile von »reinem« Saatgut und Saatgut von Hybriden werden überall im Gartenbau diskutiert. Auch wenn Hybride aus reinem Saatgut gezüchtet werden, haben beide Arten von Pflanzen ihre eigenen Vorzüge. Für die Marihuanazüchter ist die Bestimmung der Art ihres Saatguts der erste Schritt zur erfolgreichen Züchtung von Marihuana.

Zucht mit Ablegern

Das Geheimnis, Hybride schnell zu stabilisieren oder die Unterschiede bei einem Saatgut zu vermindern liegt darin, eine einzige weibliche Pflanze zu benutzen, die man durch Ableger für mehrere Generationen der Aufzucht verwenden kann. Diese weibliche Ursprungspflanze für Ableger sollte das Paradestück der zur Verfügung stehenden Kultur sein. Eine so gute Pflanze, wie die, die man für das Klonen wählt, wird selten unter Pflanzen, die aus Samen gezüchtet wurden zu finden sein. Das ist ein guter Grund, eben diese Pflanze zu vermehren.

Die gleiche weibliche Pflanze zur Zucht zu benutzen verringert die Zahl der Variationen, weil nur verschiedene männliche Pflanzen verwendet werden. Relative Einheitlichkeit kann mit nur wenigen Generationen erreicht werden, bei denen ein Grossteil des weiblichen Nachwuchses der geklonten weiblichen »Mutter-Pflanze« ähnelt. Sobald das gewünschte Mass an Einheitlichkeit erreicht ist, können die üblichen Zucht-Techniken benutzt werden, um Saatgut zu erhalten.

Das Saatgut veredeln

Züchter, besonders Freiland-Züchter, ziehen Pflanzen oft aus Samen, es sei denn, sie arbeiten auch im Gewächshaus oder besorgen sich Ableger. Stabiles Saatgut, dass ähnliche Pflanzen produziert, ist wünschenswert, weil Ernte und Geschlechtsreife (Treiben männlicher Blüten) ähnlich sein werden. Partisanen auf diesem Gebiet haben oft ihr eigenes Saatgut, das sie mit der Zeit entwickelt haben.

Falls man im Besitz eines verhältnismässig stabilen Saatguts ist (70% oder mehr der Pflanzen sind ähnlich), macht das folgenden Sinn:

1. Das Saatgut so stabil zu halten, wie es ist.
2. Erwünschte Eigenschaften im Saatgut zu stärken.
3. Unerwünschte Eigenschaften loszuwerden.

Das Saatgut für einige Generationen (zehn oder mehr) im Ist-Zustand zu halten ist leicht; falls man die Sorte, die man züchtet, mag, kann man sie behalten. Ein einfacher Weg ist die »Linien-Zucht«. Statt nur eine weibliche für den Samen auszusuchen, nimmt man mehrere (fünf oder mehr). Nur ein kleiner Teil der weiblichen Blüten auf jeder Pflanze wird bestäubt. Falls das Saatgut gut gezüchtet ist, kann man von mehr als einer männlichen Pflanze den Pollen nehmen. Nach der Ernte wird der Same gemischt und gesät.

Wenn man mehrere Pflanzen nimmt, um Samen und/oder Pollen zu produzieren, bleibt die Vielfalt des Saatguts erhalten. Ein stabiles Saatgut kann man für viele Generationen durch »Linien-Zucht« bewahren.

Falls das Saatgut stabil zu sein scheint, aber einige Pflanzen bei jeder Ernte wünschenswerte Eigenschaften aufweisen wie zum Beispiel frühere Reife, grössere Blüten oder Wirksamkeit, hat der Züchter zwei Möglichkeiten. Die langsamere Methode ist, nur mit den Pflanzen zu züchten, die die gewünschten Eigenschaften zeigen. Die schnelle Methode ist, die erwünschte weibliche Pflanze zu klonen und mit ihr zu züchten, bis die meisten der weiblichen Pflanzen ihr ähneln.

Falls man eine unerwünschte Eigenschaft loswerden will, sollen man nie mit Pflanzen züchten, die diese Eigenschaft zeigen. Einige dieser unerwünschten Eigenschaften kann man erst in einer späteren Entwicklungsphase der Pflanze beobachten. Zum Beispiel kann man die Anfälligkeit für Schimmelpilz erst in der späten Blütenphase erkennen. Wenn man die Methode der »Linien-Zucht« benutzt, ist es leicht, den Samen auszusortieren, der Pflanzen produziert, die solche Anfälligkeiten zeigen. Daher sollte man nicht mit einer einzigen weiblichen Pflanze züchten, bevor einem das Saatgut sehr vertraut ist.

Das Bestäuben der Pflanzen

Sobald die Pflanzen für eine Zucht ausgewählt worden sind, ist das Befruchten der weiblichen mit männlichem Pollen eine einfache Angelegenheit. Nichtsdestoweniger, sollte das ausserhalb des Hauptbeetes geschehen und nicht in der Nähe von Ventilatoren oder Luftströmungen, die den Pollen zu den anderen blühenden Pflanzen tragen könnten. Männliche Pflanzen sollte man auch fernhalten, während ihre Blüten reifen. Der Züchter will schliesslich nicht, dass die ganze Ernte bestäubt wird, was ihren Wert stark mindert. Männlicher Pollen ist ein feiner gelblicher Staub und nur ein einzelnes Stäubchen reicht aus, um eine weibliche Blüte zu bestäuben. Man sammle und wende ihn mit Vorsicht an.

Weibliche Blüten werden nach der Hälfte der Blütephase bestäubt, sobald die Blüten sich gebildet haben und im Begriff sind zu reifen. Der Fruchtknoten, das gewöhnlich weisse Haar, das aus jedem Blütenkelch hervorwächst, sollte prall und frisch sein.

Pollen kann auf die einzelnen weiblichen Blüten mit einem weichen Malpinsel aufgetragen werden. Oft reicht es, nur wenige Blüten auf den unteren Verästelungen der Pflanze zu befruchten. Sogar eine kleine Pflanze kann Hunderte von Samen produzieren, wenn sie vollständig bestäubt ist. Nach der Bestäubung sollten die weiblichen Pflanzen für einen Tag, während dem die Befruchtung stattfindet, von den anderen getrennt werden. Weibliche Blüten transportieren den Pollen aktiv auf ihr Zentrum hin, wo es zur Befruchtung kommt. Der Pollen wird von haarähnlichen Geisseln bewegt, deren rhythmische Bewegung ihn immer weiter zum Zentrum zieht. Das dauert ein paar Stunden und ein Same beginnt sich zu bilden. Man sollte den unbenutzten männlichen Pollen am nächsten Tag vorsichtig von der weiblichen Pflanze schütteln. Weibliche Pflanzen, die nur einige bestäubte Blüten haben, können dann zu den anderen zurückgestellt werden. Da aber der Pollen bis zu fünf Tagen akti bleibt, sollten sie fern von Ventilatoren und und Zugluft stehen. Falls der Raum zu klein ist, sollten bestäubte Pflanzen für fünf Tage an einem anderen Ort untergebracht werden.

Männliche Pflanzen sterben schnell nach der Abgabe ihres Pollens, auch wenn es Gründe gäbe, sie noch zu behalten, werden sie normalerweise nach der Bestäubung vernichtet. Man sollte mit männlichen Pflanzen und ihren Pollen sorgfältig umgehen. Falls man Pollen aufbewahren will, wird er mindestens sechs Monate in der Tiefkühltruhe haltbar bleiben.

Samen brauchen 3–5 Wochen, um zu reifen, und brechen oft das Hochblatt der Blüte auf, in der sie wachsen. Eine graue bis bräunliche Färbung zeigt die Reife an. Marihuanasamen ist verhältnismässig kurzlebig und kann schon nach wenigen Jahren Schwierigkeiten beim Keimen haben. Am besten bewahrt man den Samen im Kühlschrank in einem vakuumversiegelten Behälter auf.

Mitleid mit den armen männlichen Pflanzen

Männliche Pflanzen ereilt, sobald sie entdeckt werden, in den Händen von Marihuana-Bauern oft ein schneller Tod. Viele sind mehr an der Verhinderung einer zufälligen Bestäubung als an der Zucht interessiert. Doch Qualitäten wie Grösse und Wachstumsgeschwindigkeit der Blüte oder die Widerstandsfähigkeit einer Pflanze sind leicht bei den männlichen abzulesen und ganz wichtig bei der Züchtung. Die Wirksamkeit der männlichen Pflanzen kann durch Rauchen oder Essen einiger Blätter herausgefunden werden und ist vergleichbar mit der Wirkung der weiblichen. Andere Eigenschaften, wie z.B. der Duft, sind bei den männlichen Pflanzen subtiler.

Falls man jemals vorhat, männliche Pflanzen für eine Weile in Ruhe zu lassen, ist die Zeit während des Züchtens die beste. Man sollte so viele männliche Pflanzen wie möglich für die Zucht wachsen lassen, da sie eine ebensolche Vielfalt wie die weiblichen zeigen. Um so mehr Pflanzen man zur Auswahl hat, um so wahrscheinlicher wird sich eine männliche finden, die herausragt. Die Pollen-Beutel der männlichen Pflanzen beginnen sich normalerweise nach 3–4 Wochen der Blütephase zu öffnen. Mit der Zeit kann man Beobachtungen bezüglich der Qualität einer Pflanze machen und die Schlechten beseitigen. Wie bei den weiblichen wählt man eine oder mehrere männliche Pflanzen für Zuchtzwecke aus. Wenn man darauf aus ist, das Saatgut vor Inzucht zu schützen, sollte man mit mehreren männlichen Pflanzen züchten. Falls man weniger Veränderungen beim Saatgut will, sollte man nur eine einzige männliche Pflanze nehmen.

Nach 4 Wochen Blüte in der dafür geeigneten Lichtphase (12 Stunden Licht, 12 Stunden Dunkelheit) werden die männlichen Blüten bei allen Lichtzyklen reifen.

Eine schnelle Methode zur Stabilisierung von Hybriden

Die Nutzung von Ablegern, Schnittlingen, macht es leicht, Eigenschaften von Marihuana zu bewahren, sogar bei Saatgut, das sehr viele Varianten hervorbringt, wie z.B. bei den späteren Kreuzungen von Hybriden. Vielen Züchtern sind diese Umstände bekannt. Das gleiche Saatgut bringt sehr unterschiedliche Pflanzen hervor. Einige Pflanzen mögen wie Sativas aussehen, andere wie Indicas, einige mögen gross, andere klein und einige mittelgross sein. Unnötig zu sagen, dass diese Pflanzen ganz unterschiedlich sind, und zu verschiedenen Zeiten reifen.

Oft hat diese Saatgut-Linie einige grosse Pflanzen hervorgebracht. Nun ist die Frage, gibt es noch immer einige grosse Pflanzen in jeder Gruppe von

Pflanzen, die aus diesem Samen entsteht? Falls die Antwort nein ist, wird man wohl diese Art von Samen wegwerfen und neu beginnen. Falls aber dieses Saatgut trotz aller Verschiedenheit einige besonders schöne Pflanzen hervorbringt, gibt es zwei Methoden, eine stabile Saatgut-Linie zu bekommen, aus der meistens Pflanzen mit den besonderen Eigenschaften einiger ausgewählter Exemplare der instabilen Hybriden hervorgehen.

Dies wird mit einer Methode, die man Rückkreuzung nennt, erreicht. Bei Hybriden heisst das, den Samen einer frühen Generation des Hybrids mit dem Samen nachfolgender Kreuzungen zu kreuzen. Zum Beispiel, ein F2-Hybrid (zweite Generation) einer weiblichen Marihuanapflanze wird mit einer männlichen der F2-Generation gekreuzt. Der daraus resultierende Samen ist die F3-Generation. Der F2-Same und F3-Same werden wieder gepflanzt. Eine weibliche Pflanze der F2 -Gruppe wird mit einer männlichen der F3-Gruppe gekreuzt. Bei jeder neuen Generation (F4, FS, F6...) wird eine männliche Pflanze ausgewählt und mit einer weiblichen, aus dem F2-Samen gewachsenen gekreuzt.

Professionelle Züchter benutzen diese Methode, um Hybride oder sehr variationenreiches Saatgut zu stabilisieren. Bei der Stabilisierung von Hybriden ist diese Methode sehr erfolgversprechend, auch wenn es dazu manchmal 10 Generationen braucht.

Da Marihuana-Bauern oft ihre besten Pflanzen durch das Ziehen von Ablegern vermehren, ist ein leicht verändertes Zurückkreuzen unter ständiger Verwendung der »Mutter-Pflanzen« einfach und stabilisiert Hybride und unbeständige Saatgut-Linien schnell. Bei dieser Technik wird aus jeder neuen Generation von Pflanzen aus Samen eine männliche Pflanze ausgewählt und mit den weiblichen Pflanzen gekreuzt, die man aus Ablegern zieht.

Der Pflanze, die oft als »Mutter-Pflanze« (oder »Göttin«) bezeichnet wird, kommt bei dieser Aufgabe eine besondere Bedeutung zu, da nur die männlichen Pflanzen verändert werden. Die Technik wird das Saatgut schnell (in 3–4 Generationen) stabilisieren. Die weiblichen Pflanzen dieses Saatguts werden der »Mutter-Pflanze« sehr ähneln, besonders wenn man gute männliche Pflanzen ausgewählt hat. Ein potentieller Nachteil dieser Art von Inzucht ist, dass alle Probleme mit der »Mutter-Pflanze« im Saatgut erhalten bleiben.

Falls die »Mutter-Pflanze« eine Tendenz zum Zwitter hat oder zum Beispiel anfällig für Schimmelpilz ist, kann man auch beim Nachwuchs damit rechnen. Nicht die Inzucht ist der Missetäter, es liegt an der falschen Wahl der »Mutter-Pflanze«. Das Rückkreuzen mit Ablegern von einer »Mutter-Pflanze« ist wahrscheinlich viel erfolgreicher, wenn diese Pflanze von hoher Qualität ist.

Eine männliche Pflanze in der Blüte

Idealerweise ist diese Pflanze die beste einer ganzen Reihe von weiblichen Pflanzen desselben Saatguts und in mehreren Ernten erprobt, bevor sie gekreuzt wird.

Sobald ein stabiles Saatgut gewonnen ist, kann eine Technik wie zum Beispiel die oben beschriebe Linien-Zucht angewendet werden, um eine Art in ihrem Saatgut zu erhalten.

Hybride und Kreuzungen

Der letzte Schritt bei der Züchtung ist das Kreuzen zweier verschiedener stabiler Sorten von Saatgut, um eine neue Kreuzung oder einen neuen Hybrid zu schaffen. Eine Kreuzung ist gewöhnlich definiert als die Vereinigung von zwei genetisch ähnlichen Sorten von Saatgut. Ein Hybrid entsteht aus einer Mischung zwischen zwei unähnlichen Sorten von Pflanzen. Bei einer Kreuzung ist es wahrscheinlicher, dass man stabiles Saatgut für die Zucht erhält, aber auf keinen Fall ist dies immer der Fall. Die Vereinigung von zwei Indicas aus Afghanistan, zum Beispiel, wird mit grosser Wahrscheinlichkeit eine feste Linie von Abkömmlingen zur Folge haben. Bei einer Kreuzung zwischen afghanischem und pakistanischem Saatgut wird die Stabilität ähnlich hoch sein, falls die Pflanzen ähnlich sind. Eine problematischere Kreuzung, und eine, die wahrscheinlich einen Hybriden produziert, wäre die zwischen einer afghanischen Indica und einer aus Marokko oder Nepal.

Der Samen von Hybriden ist bis auf seltene Fälle nur in der ersten Generation stabil. Diese erste Generation von hybriden Kreuzungen (F1) produziert Samen, der Pflanzen mit ähnlichen Eigenschaften hervorbringt, eine Mischung der Eigenschaften der »Eltern«. Ein Hybrid aus einer früh reifenden Pflanze mit kleinen Blüten und einer spät reifenden Pflanze mit grossen Blüten wird wahrscheinlich eine hybride Linie hervorbringen, die irgendwo zwischen früh und spät reift und mittelgrosse Blüten hat. Natürlich kann man auch Glück haben, und eine früh reifende Pflanze mit gewaltigen Blüten bekommen. Egal wie, die nachfolgenden Generationen dieses Samens werden Pflanzen mit Ähnlichkeiten zu einem der beiden »Elternteile« haben. Die F2-Generation wird ungefähr zu 85% Hybride mit Eigenschaften der Generation F1 haben, der Rest wird einem der beiden Elternteile ähnlich sehen. In der vierten Generation werden nur ungefähr 50–60% der Pflanzen wie die der Generation F1 sein.

Obwohl die Samen der Hybriden instabil sind, muss das kein Problem sein. Ein Züchter hat zum Beispiel eine »Skunk«-Pflanze und eine »Shiva«-Pflanze. Er kreuzt die Pflanzen, um ein Hybrid zu erzeugen. Wie wir gesehen haben, wird dieses Saatgut Pflanzen mit den Eigenschaften der beiden »Eltern« und mit denen des Hybrids hervorbringen. In diesem Fall ist, auch wenn das Saatgut aller Abkömmlinge gemischt ist, das Resultat von besonderer Qualität. Es mag dabei schwierig sein vorauszusagen, wieviele Pflanzen jeden Typs man pro Ernte bekommen wird, aber für einige Züchter, besonders diejenigen, die im Verborgenen züchten, ist Vielfalt nicht unwillkommen.

Wie instabil Saatgut eines Hybrids sein wird hängt zum grossen Teil davon ab, wie unterschiedlich das Saatgut ist, aus dem dieser Hybrid entstanden ist. Eine Kreuzung zwischen Indica und Sativa zum Beispiel garantiert fast einen sehr instabilen Hybrid.

Pflanzen zu kreuzen ist immer kompliziert, aber es ist leichter, das Ergebnis vorauszusagen, wenn zwei Sorten von Samen mit hoher Qualität verwendet werden. Zuchtversuche, die ein Defizit des Saatguts ausgleichen sollen, wie zum Beispiel eine Sorte mit riesigen Blüten aber niedrigem Wuchs, ist noch komplizierter. Es gilt für gewöhnlich, je raffinierter der Trick, desto mehr Fleiss ist nötig, das Traum-Saatgut zu schaffen. Beharrlichkeit und ein Vorstellung davon, was erreichbar ist, sind wertvolle Eigenschaften bei der Zucht von Marihuana. Mit künstlicher Blüte und schneller Erntefolge wird man bald wissen, was möglich ist.

Ein neuer Hybrid wird für gewöhnlich durch die Kreuzung von zwei Sorten feinen Marihuanas produziert. Nur die besten Pflanzen des gewählten Saatguts sollten für die Zucht benutzt werden. Sobald die Eltern ausgewählt sind, sollte man Ableger von jedem Elternteil nehmen, so dass die Kreuzung wiederholt werden kann, falls der Hybrid die Hoffnungen erfüllt.

Die meisten Züchter erwarten die gleichen Qualitäten bei einem Saatgut – frühe Reife, grosse, wirksame Pflanzen, die wenig Licht brauchen und gegen Insekten und Krankheiten widerstandsfähig sind. Im Hinblick auf die Legalisierung, mag es andere Züchter geben, die es mit Sorten mit hohem Cannabinoidgehalt versuchen, aber andere als Delta 9 THC. Zum Beispiel gibt es zwei Cannabinoide, von denen man vermutet, dass sie eine starke medizinische Wirkung haben: Delta 6 THC und CBD, Cannabidiol. Hanf (Faser) Sorten von Cannabis beinhalten oft hohe Mengen CBD und wenig THC. Bestimmte Sorten dieses »Rope-Dope« haben vielleicht sehr wirksame medizinische Qualitäten. Delta 6 THC ist ein Cannabinoid des Marihuana, das sowohl das Interesse von Kennern als auch jener mit medizinischem Interesse erweckt. Der Gehalt an diesem Cannabinoid ist im Vergleich zu Delta 9 THC eher gering, aber es existieren auch Pflanzen mit hohem Delta 6-Gehalt, und man sagt ihnen nach, dass sie einen exotischen Effekt hervorrufen.

Das Züchten von Marihuana ist eine komplizierte Sache, über die man vieles noch nicht weiss. Ich will in keiner Weise andeuten, dass das hier Beschriebene der einzige Weg ist Marihuana zu züchten. Ich meine nur, dass diese Methoden wesentlich anders sind, als die in der aktuellen Literatur beschriebenen und daher eine Erwägung verdienen.

Hydrokultur mit Tröpfchen-Bewässerungssystem

Appendix A

Hydrokultur – Ein Überblick

Hydrokultur (Hors-Sol-Technik) wird in der einen oder anderen Form von den meisten Gewächshauszüchtern und vielen Freiland-Marihuana-Bauern angewendet. Eine einfache Definition von Hydrokultur ist, dass den Pflanzen die Nährstoffe in einer Wasserlösung zugeführt werden. Die meisten Systeme benutzen auch Wachstumsmedien, die sehr viel Luft halten können, was das Wurzelwachstum stimuliert. Hydrokultur-Systeme können passive Systeme sein, bei denen alles statisch ist, und Aeroponics, bei denen das Wurzelwerk in periodischen Abständen automatisch mit Wasser und Nährstofflösung bespritzt wird. Einige der aktiven Systeme, die eine elektrische Pumpe verwenden, sind in ihrer Funktionsweise ganz ähnlich. Manche sind Ebbe- und Flut-Systeme, Aeroponics, Nährstoff-Faser-Technik-Systeme (NFT), und Tröpfchen-Bewässerungsanlagen. Diese Systeme können in Hydrokultur-Geschäften bezogen werden, aber es ist auch nicht schwer, eigene Systeme zu konstruieren. Da jedoch die passiven Systeme am leichtesten zu installieren sind, werden wir zunächst einen Blick auf diese werfen.

Ein passives Hydrokultur-System für die Marihuana-Zucht sieht wie ein normaler Garten mit Blumenkübeln aus. Die besten Systeme werden mit Rücksicht auf einfache Handhabung entworfen, besonders im Hinblick auf die Zeiten zwischen dem Wässern. Was diese Systeme ausser der Tatsache, dass die Pflanzen immer mit einer Nährstofflösung versorgt werden, zur Hydrokultur macht, ist das Medium, in dem die Pflanze wächst, und der Behälterboden. Solche Wachstumsmedien können so einfache Dinge wie Steinwolle in einem mittelgrossen Blumentopf sein, ein Behältnis mit der richtigen Grösse, um eine ca. 80 cm hohe Pflanze unter Kunstlicht zu züchten. Systeme mit Erde sind auch leicht zu installieren, und sie reichern die Umgebung mit ein wenig CO_2 an.

Der Behältnisboden ist so wichtig wie das Behältnis selbst, in dem die Pflanze gezüchtet wird. Es ist das Nährstoff-Reservoir, das die besondere Nährstofflösung speichern können muss. Dadurch können die Abstände zwischen dem Giessen ausgedehnt werden.

Das Docht-System ist das klassische System der passiven Hydrokultur. Dochte, wie z.B. ein Nylonseil, werden in das Wachstumsmedium eingesetzt und liefern das Wasser und die Nährstoffe aus einem Reservoir neben dem Behältnis mit der Pflanze.

Das Problem bei diesem traditionellen System, verbunden mit Intensivanbau wie bei Marihuana, ist die zeitraubende Installation.

Unter Kunstlicht hat ein Züchter vielleicht 50 Pflanzen, was fünfzig Behälter mit je drei Dochten bedeutet. Das ist mühsam, besonders bei rascher Erntefolge.

Ein viel einfacheres System ist das modifizierte Docht-System. Es benutzt direkt das Wurzelwerk der Pflanze, um Wasser und Nährstoffe aufzunehmen, und wird ziemlich häufig von Marihuana-Bauern benutzt. Im folgenden nun die Beschreibungen von zwei Systemen. Eines mit Steinwolle und das andere mit Erde.

Beide Systeme sind dazu geeignet, Pflanzen von bis zu 90 Zentimetern Höhe in einem mittelgrossen Blumentopf zu ernten. Jeder Topf braucht einen Untersatz von ungefähr 4 Zentimetern Tiefe. Dieser Untersatz dient als Reservoir für das System. Für das System mit Erde wird die Blumenerde zu gleichen Teilen mit mittelgrossen Steinen oder Steinwolle vermischt. Die Steinwolle sollte in Ballen gepresst sein und ihr ph-Wert getestet werden. Der Boden des Behälters wird circa 4 Zentimeter hoch mit Styropor oder Steinen bedeckt. Der Rest wird mit dem gewünschten Wachstumsmedium aufgefüllt.

So könnte eine passive Hydrokultur aussehen.

Ein Bewässerungssystem mit Steinwolle-Platten

Nährstoffe und Wasser werden auf die gleiche Weise zugeführt wie bei jeder anderen Topfpflanze auch. Ein grosser Unterschied besteht allerdings bei der Menge von Wasser und Nährstoffen. Solange die Pflanzen klein sind, werden sie gründlich gegossen, aber nur eine kleine Menge verbleibt im Untersatz. Wenn die Pflanzen grösser werden und die Wurzeln durch die Löcher des Behälters wachsen, braucht es mehr Wasser. Im letzten Wachstumsstadium wird den Pflanzen soviel Wasser gegeben, bis der Untersatz voll ist. Gegen Ende der Blütephase – in den letzten 3 Wochen, wenn das Wachstum deutlich nachlässt – wird den Pflanzen wieder weniger Nährstofflösung zugeführt. Die Pflanzen bekommen nur soviel Wasser, dass das Medium gesättigt ist und nur wenig Flüssigkeit im Untersatz steht.

Systeme wie dieses sind einfach zu handhaben, wenn man den natürlichen Zyklen des Wasserbedarfs folgt. Der grosse Vorteil gegenüber der Docht-System-Variation sind die Abstände zwischen dem Giessen; die Pflanzen in diesem System müssen nur zweimal die Woche gegossen werden. Es ist auch einfach festzustellen, ob das System richtig arbeitet, denn bei zuviel Wasser werden die Pflanzen muffeln, weil sie zu wenig Luft bekommen.

Auch wenn die meisten Züchter, die diese Technik benutzen, von Hand wässern, kann man diese Systeme mit Tröpfchen-Bewässerung auch automatisieren. Bewässerungssysteme mit einem höhergelegenen Reservoir (40–50 Liter Plastikbehälter) und dünne Schläuche zu jeder Pflanze sind leicht zu installieren. Man giesst die Pflanzen von Hand, um herauszufinden, wieviel Wasser das System braucht. Das nächste Mal giesst man diese Menge Flüssigkeit einfach in das Bewässerungsreservoir.

Aktive Hydrokultur

Die meisten aktiven Hydrokulturen verwenden elektrische Pumpen, die von einer elektrischen Zeitschaltuhr gesteuert werden. Die Pumpe bewegt Wasser und Nährstoffe von einem Reservoir durch Schläuche zu den Pflanzen. Das überflüssige Wasser wird zurück in das Reservoir gepumpt, um beim nächsten Mal wiederbenutzt zu werden.

Es gibt auch Einweg-Systeme, bei denen das Wasser genau dosiert nur einmal zugeführt wird. Diese Systeme haben den Vorteil gegenüber Kreislauf-Systemen, dass sie weniger Einstellungen brauchen, um das richtige Niveau an Nährstoffen, Wasser und ph-Wert zu halten. Es ist auch unwahrscheinlicher, dass die Schläuche durch Ablagerungen verstopfen, wie das manchmal bei Kreislauf-Systemen der Fall ist. Einweg-Systeme können teuer zu stehen kommen, wenn zuviel Wasser und Nährstoffe im Spiel sind. Wenn die überflüssigen Nährstoffe in den Abfluss gelangen, tragen sie zur Umweltverschmutzung bei. Das muss nicht sein.

Diese Systeme sind ausreichend, wenn man Wachstumsmedien benutzt, die Wasser halten können, wie Steinwolle oder Polyurethan, oder auch mit Behältnissen, die bei der passiven Hydrokultur Verwendung finden. Wenn das Wasser umsichtig eingesetzt wird, kann der wenige Überschuss für andere Pflanzen ver-

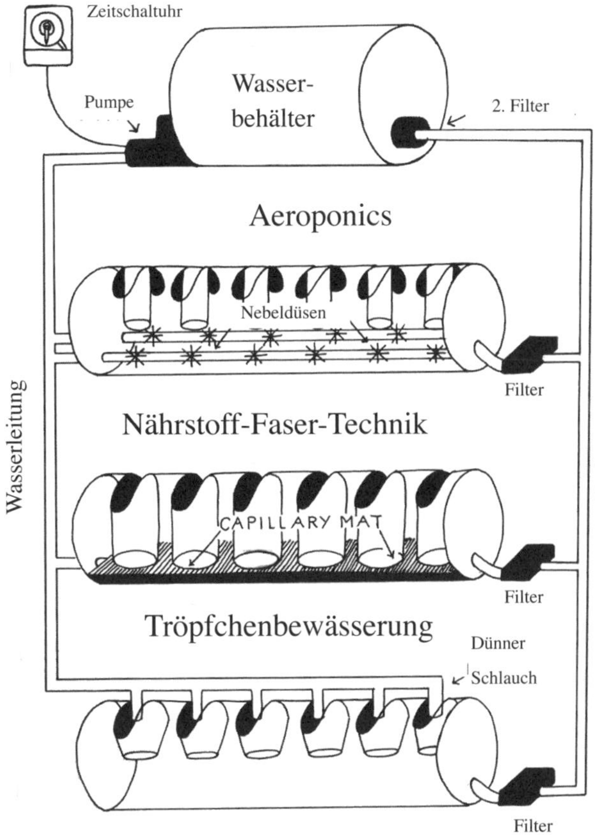

Diese Illustration zeigt die verschiedenen Arten aktiver Hydrokultur: Aeroponics mit Nebeldüsen; NFT mit Kapillarmatten; ein Tröpfchen-Bewässerungssystem mit dünnen Schläuchen bis zu den Pflanzen.

wendet werden. Ein Züchter zum Beispiel benutzt als Wachstumsmedium »Keramikgestein« (das dazu dient, das Wasser zu halten) zu einem Viertel gemischt mit Vulkangestein. Dieses System wird dreimal täglich für eine Minute gewässert, so dass kaum überflüssige Nährstofflösung anfällt.

Die meisten Einweg-Systeme haben eine Hauptleitung am Reservoir, von der aus dann kleinere Leitungen jede einzelne Pflanze versorgen. Tropfdüsen-Systeme könnten oft benutzt werden, kommen aber nicht oft zum Einsatz, weil sie die Tendenz haben zu verstopfen. Die Enddüsen wegzulassen wird nur dann zum Problem, wenn man eine zu starke Pumpe hat.

Kreislauf-Systeme braucht man bei Wachstumsmedien, die sehr viel Luft enthalten und häufiges Giessen nötig machen. Bei diesen Systemen kann man Wachstumsmedien wie zum Beispiel vulkanisches oder keramisches Gestein verwenden, oder gar kein Medium, wobei die Pflanzen von einer Vorrichtung an ihrem Ort gehalten werden. Viele Tropf-Systeme wälzen die Nährstofflösung um, was aber nicht notwendig ist, wenn das Medium etwas Wasser enthält, wie bei den oben beschriebenen.

Kreislauf-Systeme ähneln einander in vieler Hinsicht. Sie alle haben ein Reservoir und benützen Pumpen (durch eine Zeitschaltuhr gesteuert), um die Nährstofflösung zu verteilen. Sie haben auch eine Einrichtung, um überflüssiges Wasser und Nährstoffe zum Reservoir zurückzuführen. Der Unterschied bei diesen Systemen liegt darin, wie die Nährstofflösung zu den Pflanzen gelangt. Die Abbildung auf der vorigen Seite zeigt, was es braucht.

Nährstoff-Faser-Systeme (NFT) gibt es in vielen Formen. Sie alle verwenden Materialien mit Kapillarwirkung, die dazu geschaffen wurden, den Pflanzen das Aufsaugen des Wassers zu ermöglichen. Das Wasser und die Nährstoffe werden in Behältnisse gepumpt, die leicht geneigt und mit diesem Material ausgelegt sind. Das Wasser läuft unter dem Material hindurch, auf dem manchmal durch eine Vorrichtung gehalten, in einem kleinen Behälter mit grossen Öffnungen am Boden oder in Steinwolleballen die Pflanzen wachsen. Überflüssiges Wasser wird gefiltert und zum Reservoir zurücktransportiert. In diesen Systemen wachsen die Pflanzen schnell, weil ihre Wurzeln viel Luft, Wasser und Nährstoffe erhalten. NFT-Systeme sind zuverlässig, weil sie keine dünnen Leitungen oder Düsen brauchen, und somit nichts verstopfen kann.

In aeroponischen Systemen werden die Pflanzen in regelmässigen Abständen in ein Rohr oder in einen geschlossenen Behälter »eingepflanzt«. Das nennt man eine Wachstumskammer. Dieses System besteht meistens aus einem Plastikrohr mit 15 Zentimetern Durchmesser und gleichmässig verteilten Löchern. Diese

Eine »Grüner-Ozean«-Plantage mit Auffangbecken und Steinwolle.

Rohre werden von vielen Geschäften mit Hydrokulturzubehör verkauft, sind aber auch verhältnismässig leicht selbst herzustellen. Diese Rohre haben einen Schlauch, durch den Nährstoffe zugeführt werden, und einen Abfluss, durch den überflüssiges Wasser zum Reservoir zurückgeleitet wird. Der dünne Schlauch am Boden des Rohrs ist mit Nebeldüsen ausgestattet, die in regelmässigen Abständen die Nährstofflösung auf die Wurzeln der Pflanzen spritzen. Marihuana wächst in dieser Anordnung sehr schnell, wohl schneller als in jedem anderen System. Der Nachteil ist, dass die Pflanzen nur kleine Reserven haben, falls das System aus irgendwelchen Gründen ausfällt. Einige Nebeldüsen haben bei diesem System auch die Neigung zu verstopfen. Deswegen ist bei den besten Systemen dieser Art mit zwei Düsen pro Pflanze vorgesorgt.

Vor der Zeit der billigen Zeitschaltuhren waren Systeme, die die Pflanzen be- und entwässerten (Ebbe- und Flut-Systeme), das Edelste in der Welt der Hydrokulturen. Sie funktionierten, aber waren unsicher und unzuverlässig. Mit den Zeitschaltuhren kann man Bewässerungszyklen von im Minimum einer Minute Dauer bis zu sechsmal am Tag programmieren. So lässt sich die Nährstofflösung in genau dosierten Mengen auf die Marihuana-Pflanzen verteilen.

Be- und Entwässerungssysteme bestehen aus einem grossen Behältnis, in dem die Pflanzen stehen. Diese Behältnisse werden periodisch mit Wasser und Nährstoffen aus einem Reservoir geflutet. Nach Sättigung des Wachstumsmediums fliesst alles wieder in das Reservoir zurück.

Züchter, die die Verwendung aktiver Hydrokultursysteme erwägen, sollten die möglichen Vor- und Nachteile dieser Systeme bedenken. Positiv ist das schnelle Wachstum und die Automation, dank derer der Züchter die Pflanzen nicht giessen muss. Die Kehrseite ist, dass diese Systeme mehr Wartung benötigen als die, bei denen man selbst giesst oder ein einfaches Bewässerungssystem benutzt. Man muss häufig überprüfen, ob das System richtig funktioniert. Automatisierte Systeme sind sinnvoll bei grossen Anlagen mit einer grossen Zahl von Pflanzen.

Allgemein sollten Züchter bei einer durchdachten Hydrokultur auf mehrere Dinge achten. Das erste ist die Art der Filterung des Wassers, das zum Reservoir zurückfliesst. Der Filter sollte gross und leicht zu erreichen sein. Die Pumpe hat auch einen Filter, der verstopfen kann, falls Verunreinigungen ins Reservoir gelangen. Manche lassen aus diesem Grund den Filter bei der Pumpe weg, obwohl dies das Leben der Pumpe wahrscheinlich verkürzt. Diese Verunreinigungen können Wurzelteilchen, Steinwolle oder Bestandteile anderer Wachstumsmedien sein.

Auch ein guter Zugang zum Reservoir ist wichtig. Oft ist das Reservoir mit der Wachstumseinheit verbunden oder bei den fertig erhältlichen Hydrokultur-

Marihuana-Pflanzen
in der Blüte

Diese Ernte eines »kurzen Herbstes« mit Beginn am 1. Juli brauchte keinen Schatten.

Gewächshauspflanzen, deren Wuchs ausser Kontrolle geraten ist.

Ein später Start am 15. Juni brachte eine kleine, bescheidene Pflanze.

Sativa-Sorten werden während der Sommermonate wachsen, wenn man sie gut beschattet.

Pflanzen, die in einem das Licht verstärkenden System wachsen.

Ein System zur ständigen Ernte mit Pflanzen in verschiedenen Entwicklungsstadien.

Valerie Corral, Gründerin der Wo/men's Alliance for Medical Marijuana, in ihrem Garten. Diesem Verein wurde zwei Tage, nachdem in Kalifornien die Züchtung von Marihuana zu medizinischen Zwecken legalisiert worden war, die Gemeinnützigkeit bescheinigt. Diese Vereinigung hat Sorten von Marihuana mit ausgewiesenen medizinischen Eigenschaften entwickelt.

Ein »Grüner Ozean« mit zwölf Pflanzen pro Quadratmeter in einem abgeschlossenen Raum.

Ein 280 Watt Lichgarten in Blüte.

Ein »Grüner Ozean« mit vier Pflanzen pro Quadratmeter und einer 1000 Watt Beleuchtung.

Marihuana-Blumen bei der Blüte.

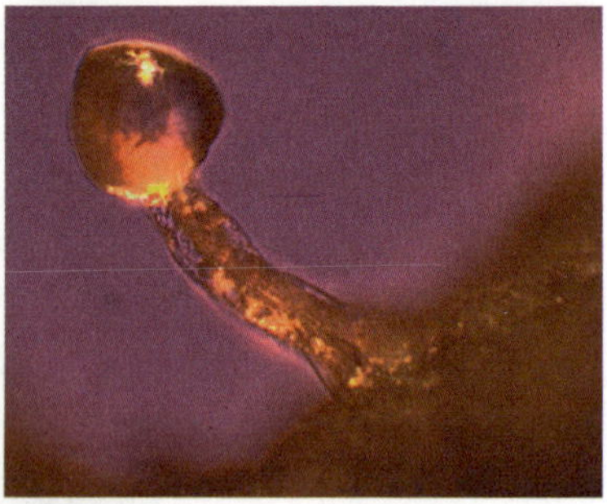

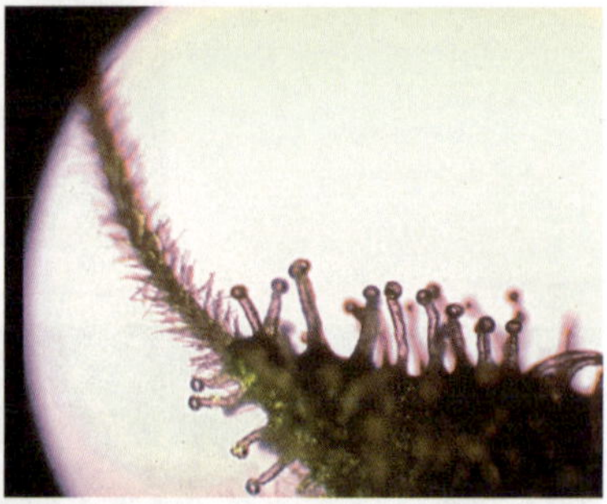

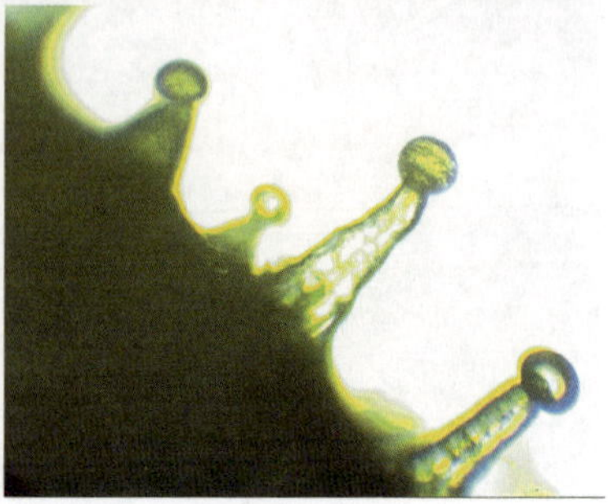

Grosses Bild:

Der Stempel mit den haarigen Wimpern im Kelch der Blüte. Die Wimpern bewegen den Pollen in die Samenanlage der Blüte, wo die Befruchtung stattfindet.

Kleine Bilder:

Vergrösserungen der den Wirkstoff enthaltenden Drüsen der weiblichen Pflanzen.

anlagen darunter angeordnet. Das scheint raumsparend zu sein, bis man an das Reservoir heran muss, was oft der Fall ist. Die Nährstofflösung muss in Kreislauf-Systemen oft verändert werden, weil die Pflanzen die Nährstoffe in verschiedener Konzentration brauchen. Auch der ph-Wert der Lösung muss periodisch korrigiert werden. Manche Züchter reinigen und füllen die Reservoire alle paar Wochen wieder neu, um mögliche Probleme zu vermeiden.

Man sollte darauf achten, das Hydrokultur-System so sicher wie möglich zu machen, aber auch auf mögliche Zwischenfälle vorbereitet sein. Zum Beispiel macht der Einbau eines Wasserrückhaltesystems für den Fall eines Rohrbruchs Sinn, weil eine Überschwemmung zu Entdeckung führen kann. Man sollte eine Hydrokultur nie direkt mit einer Wasserleitung verbinden, aus der das Wasser ungehindert sprudeln kann, wenn ein Rohr bricht.

Ein anderer wichtiger Gesichtspunkt bei der Verwendung von aktiven Hydrokultursystemen, ist das Zusammenkommen von Wasser und Elektrizität. Die dazu verwendeten elektrischen Pumpen zum Beispiel befinden sich oft auf dem Boden des Reservoirs. Dabei sollte man Vorsicht walten lassen. Wenn es dazu Erdung braucht, sollte man eine Pumpe nie ohne Erdung betreiben. Man sollte das System immer abschalten, bevor man es wartet (Wasser ist ein sehr guter Stromleiter). Sicherheit geht vor, wenn man solche aktiven Hydrokultur-Systeme benutzt.

Bewässerungstisch (Ebbe- und Flut-System) mit Steinwollewürfeln

Appendix B

Der Gebrauch von CO_2

Eine Kohlendioxid-Anreicherung beeinflusst das Wachstum von Marihuana ausserordentlich, und ist in Verbindung mit Kunstlicht und in Treibhäusern leicht einzusetzen. Obwohl mehrere Quellen für die Produktion von CO_2 zur Verfügung stehen, finden es die meisten Gewächshauszüchter am besten, reines CO_2 aus der Flasche zu verwenden. Auch Kohlendioxid-Generatoren, die Kraftstoff verbrennen, werden von einigen Züchtern während kälterer Monate benutzt, weil sie die von diesen Maschinen produzierte Wärme nutzen können.

Auftanken

Reines Kohlendioxid bekommt man in Flaschen, die gemietet oder gekauft werden können. Die meisten Marihuana-Züchter bevorzugen diese Methode der CO_2-Anreicherung.

Reines CO_2 aus Flaschen ist den Verbrennungsgeneratoren überlegen, weil es keine Feuchtigkeit und Wärme wie die Generatoren produziert. Bei Raumtemperaturen über 13 Grad Celsius wird es schwierig, Generatoren zu benutzen. Vorteilhaft ist, wenn CO_2-Generatoren, die zum Beispiel Erdgas verbrennen, direkt an eine heimische Gasleitung angeschlossen werden können. Es müssen keine Flaschen gefüllt werden, was Verdacht erwecken könnte. Und diese Generatoren brennen sauber.

Für Kohlendioxid gibt es verschiedene industrielle Anwendungen wie zum Beispiel die Herstellung von Soda oder das Füllen von Feuerlöschern. Je grösser die Flasche, desto seltener muss sie gefüllt werden. Ein Gewächshaus braucht im Schnitt eine 50 Kilo-Flasche während 45 Tagen, wenn das CO_2 Niveau bei 1500 ppm liegen soll. Das kann ganz schön anstrengend sein, weil eine Flasche mehr als 50 Kilo wiegt. Es gibt auch kleinere Flaschen. Sie sind viel leichter zu handhaben. Allerdings sind sie teuerer, weil sie trotzdem von hoher Qualität sein müssen, um dem Druck des Gases standzuhalten.

Bei Kohlendioxidsystemen zur Anreicherung mit reinem Gas sind folgende sechs Punkte zu berücksichtigen:

1.) Die Flasche mit CO_2. In dieser Form ist CO_2 ziemlich harmlos, obwohl es den Sauerstoff in der Luft verdrängt. Die Flasche mit dem unter Druck stehenden Gas sollte mit Vorsicht behandelt werden. Das Gas entweicht der Flasche sehr kalt, besonders unter hohem Druck. Man sollte den Kontakt mit Haut und Augen vermeiden.

2.) Ein Druckregler, der den Druck des CO_2 Gases konstant hält, ist nützlich, damit. das Gas nicht gefriert, wenn es aus der Flasche strömt.

3.) Ein elektrisches Ventil, das den CO_2-Fluss an- und abstellen kann.

4.) Eine Messuhr, die die Menge von CO_2, die in einer Stunde ausströmt, misst.

5.) Eine Zeitschaltuhr, um das elektrische Ventil zu öffnen und zu schliessen. Billige Versionen tun es auch, aber genau programmierbare sparen in kurzer Zeit einiges an Geld. Zeitschaltuhren, bei denen man kurz aufeinanderfolgende Intervalle programmieren kann, eignen sich am besten.

Nicht unbedingt nötig, aber nützlich, sind Zeitschaltuhren, die die Ventilation für die Dauer der Anreicherung abschalten und zugleich die CO_2-Anreicherung einschalten.

6.) Plastikschläuche mit kleinen Löchern in regelmässigen Abständen, die man benutzt, um das CO_2 zu verteilen. Da CO_2 schwerer als Luft ist, werden sie über den Pflanzen installiert. Das CO_2 kann auch an einem Ort freigesetzt und mit einem Ventilator über das Marihuana verteilt werden.

High-Tech und nicht gerade billig sind CO_2-Infrarotmessgeräte, die die CO_2-Konzentration messen und auf dem gewünschten Niveau halten. Sie haben an Beliebtheit gewonnen, weil sie dank Digitaltechnik viel billiger geworden sind.. Sie besitzen eine genaue Anzeige, haben ein integriertes Ventil und eine Durchflussanzeige.

Wenn man nicht soviel Geld ausgeben will, braucht man einen Einzel-CO_2-Tester, um während der Wachstumsphase den Verbrauch von CO_2 zu kontrollieren. Die meisten Züchter versuchen das CO_2 Niveau beim ungefähr 3-fachen des normalen Niveaus von 340 ppm zu halten (ungefähr 1000 ppm). Niveaus bis zu 1500 ppm haben schon Erfolg gebracht.

Um zu berechnen, wieviel Gas nötig ist, muss man erst einmal die Raumgrösse berechnen. Falls es einen Raum gibt, in den die Luft zirkulieren kann, muss man ihn der Berechnung hinzugefügen.

Wenn der Raum 1,8 Meter breit, 4,5 Meter lang und 2,4 Meter hoch ist, sind das ungefähr 20 Kubikmeter. Vorausgesetzt natürlich, dass dieser Raum bis auf die Lüftung abgeschlossen ist. Ein Raum, der 1,2 Meter breit durch 3 Meter lang und 1,8 Meter hoch ist, hat etwa 6,5 Kubikmeter.

Zur Berechnung des CO_2-Bedarfs wird die Kubikmeterzahl des Raumes mit festen Faktoren multipliziert. Diese Faktoren sind abhängig vom Niveau der CO_2-Anreicherung und gehen von einem natürlichen CO_2-Gehalt von 300 ppm aus.

Die Faktoren lauten wie folgt:

1000 ppm	0,007
1100 ppm	0,008
1200 ppm	0,009
1300 ppm	0,010
1400 ppm	0,011
1500 ppm	0,012

Um auszurechnen, wieviel CO_2 gebraucht wird, multipliziert man den entsprechenden Faktor mit der Kubikmeterzahl des Raumes. Falls man 20 Kubikmeter wie in dem Beispiel oben hat und ein CO_2-Niveau von 1500 ppm will, rechnet man 20 x 0,012. Es braucht 0,24 Kubikmeter, um das CO_2-Niveau auf 1500 ppm zu bringen. (Anmerkung: Ein Kilo reines CO_2 unter Druck entspricht 493 Kubikdezimeter CO_2 bei Raumtemperatur.), um 6,8 Kubikmeter Raum wie in dem zweiten Beispiel oben auf 1000 ppm zu bringen, rechnet man 6,8 x 0,07. Es braucht 0,047 Kubikmeter CO_2, um diesen Wert zu erreichen.

Diese Tabelle zeigt nun, wieviel CO_2 man braucht, aber nicht, wie oft man anreichern muss. Wenn man sich bewusst macht, das jedes Marihuana-Blatt ein Licht und CO_2 Kollektor ist, wird es klar, dass bei grösseren Pflanzen öfter eine Anreicherung nötig ist. Bis zu 3 Stunden Pause kann man machen, wenn die Pflanzen noch klein sind. Anreicherungen in Abständen von einer Stunde oder weniger werden gewöhnlich benutzt, wenn die Pflanzen den ganzen Raum füllen, dabei sollte aber eine Reihe von Faktoren beachtet werden. Wird der Nachbarraum auch angereichert? Ist es besser, das Gas auf einmal oder in kürzeren Schüben zu verwenden?

Nehmen wir das Beispiel oben mit den 20 Kubikmetern. Wir nehmen ausserdem an, dass der Züchter eine Zeitschaltuhr hat, um die Anreicherung zu steuern. Man braucht 0,24 Kubikmeter CO_2, um diesen Raum auf 1500 ppm (höchste Anreicherung) zu bringen. Wenn die Pflanzen klein sind, werden sie das CO_2 in ungefähr 3 Stunden aufgenommen haben. Der Züchter entscheidet sich, $^1/_3$ des CO_2 auf einmal freizusetzen, 0,08 Kubikmeter pro Stunde, und programmiert die Uhr so, dass die Anreicherung 15 Minuten dauert, 0,25 Stunden. Um die Fluss-Rate auszurechnen, die man dafür braucht, teilt man 0,08 durch 0,25. In diesem Fall wird der Fluss auf 0,32 Kubikmeter pro Stunde eingestellt.

Wenn dieser Raum mit grossem, kräftigem Marihuana gefüllt ist, kann man fast hören wie die Pflanzen das vorhandene CO_2 aufsaugen. Mehr CO_2 ist nötig. Ungefähr 28 dm^2 CO_2 pro Stunde ist nötig, um das Niveau am Maximum von

1500 ppm zu halten. Man sollte einen CO_2-Prüfer verwenden, um genauer zu messen, wieviel CO_2 die Pflanzen brauchen. Wenn man den gleichen 15 Minuten-Rhythmus (0,25 Stunden) wie oben benutzt, braucht man eine Fluss-Rate von 4 x 112 dm^2 pro Stunde.

Der gleiche Züchter hat vielleicht eine teurere Zeitschaltuhr gekauft, und will die 28 dm^2 CO_2 in zwei 10 Minuten-Zyklen pro Stunde unter die Pflanzen bringen. Er will also 14 dm^2 CO_2 in 0,166 Stunden (10 Minuten geteilt durch 60 Minuten). Dazu braucht es dann eine Fluss-Rate von ungefähr 112 dm^2 CO2 pro Stunde.

Ein weiterer Faktor, den man berücksichtigen muss, ist die Lüftung des Raumes. Wo die Luft hingeht, dorthin wandert auch das CO_2. Man sollte beides so weit wie möglich getrennt halten. Es gibt für diesen Zweck spezielle Doppelschaltuhren. Eine gute Zeitschaltuhr tut es auch. Der Raum kann dann für zehn Minuten vor der Anreicherung gelüftet werden, danach solange wie möglich nicht mehr. Die Temperatur wird der entscheidende Faktor sein. Der Raum muss gelüftet werden, wenn die Temperatur 29,5 Grad erreicht. Das geschlossene System (siehe nächster Abschnitt) benutzt eine Klimaanlage, um die Temperatur und die Feuchtigkeit zu regeln, so ist nur wenig oder keine Ventilation nach aussen nötig.

Für Züchter, die Kohlenwasserstoffe verbrennende CO_2-Generatoren benutzen, gelten die gleichen Berechnungsgrundlagen für CO_2 wie bei der Anreicherung. Diese Maschinen werden danach gemessen, wieviel Kubikmeter CO_2 pro Stunde sie liefern. Falls die Maschine zum Beispiel ein Kubikmeter CO_2 pro Stunde produziert und der Raum nur ein Viertel davon pro Stunde für die Anreicherung braucht, lässt man sie für 15 Minuten pro Stunde laufen. 4,5 Liter Brennmaterial wiegt knapp 2 Kilo und produziert circa 5 Kilo CO_2.

Das geschlossene System

Das geschlossene System reichert die Luft um die Pflanzen herum mit CO_2 an und tauscht die Luft selten mit der Umgebung aus. Eines der grössten Probleme, das Gewächshauszüchter besonders in dichtbesiedelten städtischen Gebieten haben, ist der markante Duft von Marihuana, der aus dem Raum entweicht, durch die Nachbarschaft zieht und möglicherweise zur Entdeckung führt. Normalerweise passiert das, weil Ventilatoren gebraucht werden, um die Temperatur zu verringern. Mit einem geschlossenen System kann das vermieden werden.

Passive geschlossene Systeme sind leicht in kühleren Räumen zu installieren. Wenn die Aussentemperatur unter 13 C° liegt, braucht der Raum nur eine geringe Ventilation. Kellerräume sind oft kühler als andere Räume eines Gebäudes. Häufig reicht die Wärme des Lichts aus, um den Raum zu heizen. Wenn der von den Pflanzen beanspruchte Platz weniger als 20% des Raumes ausmacht, kommt man mit einer Umwälzung der Luft aus. Wenn man das Wasser umsichtig einsetzt und die Luftzirkulation im Raum gut ist, können die Probleme mit zu hoher Luftfeuchtigkeit verringert werden.

Wenn man CO_2 anreichert gibt es keinen Grund, den Raum zu lüften, ausser um die Luftfeuchtigkeit zu verringern, die in der späten Blütephase Schimmel verursachen kann. Viele Züchter lassen die Lichter nachts brennen, wenn es kühler ist, um so ein geschlossenes System zu bekommen. Geschlossene Systeme sind schwerer zu installieren, wenn man viele Lampen auf engem Raum verwendet, besonders wenn es keinen Nebenraum gibt, wo die Luft umgewälzt und gekühlt werden kann.

Auch bei Temperaturen über 13 C° können geschlossene Systeme verhältnismässig leicht zu installieren und günstig sein. Es braucht eine Klimaanlage, die auf Umwälzung läuft, um die Luft zu kühlen. Dadurch entziehen sie der Luft auch Feuchtigkeit. Darin liegt der Schlüssel für die Einrichtung eines geschlossenen Systems. Die Klimaanlage braucht eine Öffnung nach aussen, um die überflüssige Wärme und die Feuchtigkeit abzuleiten. Das wird kaum zu riechen sein. Es gibt mittlerweile auch Klimaanlagen, die man mitten im Raum einsetzen kann. Sie sehen aus wie transportable Heizgeräte, haben aber eine kleine Öffnung für Wasser und Abwärme. Da Marihuana mit CO_2-Anreicherung ohne Probleme bestens bis zu Temperaturen von 30 C° wächst, wird man die Klimaanlage in den meisten Fällen nicht sehr oft brauchen.

Systemeigene Anreicherung

Wie wir gesehen haben, sind Pflanzen CO_2-Sammler. Ein anderer Aspekt dieses Wachstumsphänomen ist von Interesse für den Marihuana-Züchter: Die Atmung. Atmung ist ein wesentlicher Prozess der Pflanze, um das CO_2 zu oxydieren und zu verwenden. Eine Gleichung für die Pflanze könnte lauten: CO_2 wird aufgenommen, die Atmung nimmt ab, das Wachstum verschnellert sich. Viel von dem CO_2 wird während der Atmung wieder freigesetzt. Züchter können dieses CO_2 nutzen.

Anders als beim CO_2, das nur in den Lichtphasen aufgenommen wird, atmet die Pflanze zu jeder Zeit, und schneller, wenn die Temperaturen höher sind. In der Dunkelheit setzt Marihuana eine beträchtliche Menge von CO_2 frei. In geschlossenen Räumen, steigt das CO_2 Niveau nach einigen Stunden Dunkelheit während der Blüte (12 Stunden Dunkelheit) bis auf das Doppelte des normalen Umgebungs-Niveaus von 350 ppm.

Züchter mit variablen Beleuchtungssystemen können diese Tatsache nutzen. Als Beispiel nehmen wir einen Züchter, der zwei Lampen mit 400 Watt und 1000 Watt und einige Leuchtstoffröhren besitzt. Das 1000 Watt-Licht setzt er wahrscheinlich bei den blühenden Pflanzen ein, für 12 Stunden, und das 400 Watt-Licht den Pflanzen im Wachstum, 18–24 Stunden. Wenn der Züchter ein CO_2-System hat und Gas sparen will, kann er das CO_2 der blühenden Pflanzen, wenn es dunkel ist, zu den Pflanzen mit längerer Lichtphase während des vegetativen Wachstums umleiten. Ein kleiner Ventilator reicht aus. Ein möglicher Nachteil dieser Methode ist, dass durch die Verbindung der Systeme sich Probleme wie Insektenbefall schnell auf alle Pflanzen ausbreiten.

Nachschrift

Man kann die wirkungsvolle Ernte aus dem Marihuanagarten vergrössern, indem man auch die Blätter verwendet. Obwohl die Blätter nicht sehr angenehm beim Rauchen sind, haben sie doch einen ansehnlichen Gehalt von Cannabinoiden. Oft stammt 10% oder mehr THC einer Ernte aus den Blättern. Sie eignen sich zum Kochen und können durch die Herstellung von Auszügen oder Tinkturen konzentriert werden. Im Marihuana-Kräuter-Kochbuch von Tom Flowers findet man die aktuellsten Rezepte zum Kochen und zur Herstellung von Medizin aus der Cannabis-Pflanze.

Das Buch und der Autor

Tom Flowers ist von der Heilkraft des Cannabis völlig überzeugt und Veteran im Kampf für die Legalisierung.

Erfrischend praktisch und detailliert beschreibt er amerikanische Untergrundtechniken der Marihuanaproduktion, deren Erfolge übertragen auf die »normale« Landwirtschaft schon Tomaten von Kürbisgrösse erzielt hätten (laut einem Beamten des US-Landwirtschaftsministeriums). In den beschriebenen Experimenten werden wohl auch viele europäische Züchter ihre Erfahrungen wiedererkennen und auch Leute vom Fach werden etwas neues lernen können. Die Kapitel über Züchtung und über angewandte Vererbungslehre sind speziell auf Cannabis abgestimmt – bei der gegenwärtigen Illegalität von Hanfsorten eine wichtige Hilfe und ein Muss für den Züchter..

Das Wichtigste und das eigentlich Neue an diesem Buch ist jedoch die Cannabis Blütensteuerung unter der Sonne. Tom Flowers gibt hier bislang wohlgehütete Untergrundtechniken der Marihuanaproduktion preis. Sein Buch erschien erstmals 1995, und es ist kein Zufall, das zuvor fast niemand die oekologisch sinnvolle Blütensteuerung unter der Sonne propagiert hat, obwohl die Methoden bald ein Jahrhundert bekannt sind. Die Sonne passt nicht ganz zu High-Tech und High-Energy-Verschwendung der Welt des »Indoor Growing«, das inzwischen selbst zu einer mächtigen Industrie mit eigener Dynamik und Wachstumszwang geworden ist. Die verständliche Angst, entdeckt zu werden, erklärt wohl auch die Vernachlässigung von biodynamischen Alternativen. Die heutige Schweiz mag hier eine willkommene Alternative bieten.

Alfred

hanfblatt
hanfblatt-Leser
ernten mehr!

wwwas man so (b)raucht
www.grow-in-berlin.de
GROWSHOP
Hightech für den Garten
GIB-Pflanzenlampen
Lüftung
Dünger
Erden & Substrate
HEADSHOP
Papers
Blunts
Bongs
Pipes
Vaporizers
Räucherwerk
Feuerzeuge uvm.
WAAGEN
Digitale Taschenwaagen
Laborwaagen
Federzugwaagen
Paketwaagen
Marihuana
Heimanbau
MEDIEN
Fachliteratur der wichtigsten und aktuellen Autoren
CD's
DVD's und
Spiele
TEXTILIEN
Modische Streetwear
Taschen & Rucksäcke
HANFMADE
Nahrungsmittel
Sweets
Kosmetik
Papier
GROW IN BERLIN
Laden & Beratung: Tel.: 030 / 344 36 42
Grosshandel und Versand:
Tel.: 030 / 34 99 80 70, Fax: 030 / 34 99 80 73,
e-mail: info@grow-in-europe.de
www.grow-in-europe.de

GROW & HEADSHOP
Best in Town
HANF
Dünger
Lampen
Pfeifen
Bewässerungssysteme
Wasserpfeifen
Steinwolle
Piercing
Fachliteratur
Vaporizer
CD-Sortiment
Wasserpfeifentabak
Über 250 Sorten Seeds
Blunts
Papers
Digitalwaagen
Und vieles mehr
TEMPEL
since 1997
Hanf-Tempel GmbH, St. Johanns-Vorstadt 18, CH-4056 Basel (beim Totentanz)
Tel. +41(0)61 263 25 10, Fax +41(0)61 263 25 11, www.hanftempel.ch
Öffnungszeiten:
Mo geschlossen, Di - Fr 11⁰⁰-18³⁰, Sa 11 - 17⁰⁰

Mandala Seeds
www.mandalaseeds.com / info@mandalaseeds.com
BUDS
Kalichakra
Sadhu
White Satin
Satori
Hashberry
15,- bis 17,50 Euro
für 10 Deluxe Samen
SAFARI MIX
10,- Euro/10 Samen
Big Book of Buds 2
präsentiert zwei
Mandala Sorten!
Neu:
SPEED QUEEN
super Preis-Leistungsverhältnis
robuste Kreuzungen / leicht anzubauen
potente und harzige Sorten
mit Landrassen Genetik
Sorten mit medizinsches Potenzial
exzellenter Kundenservice / ausführliche Infos

SENSI SEEDS®
MEDIZINISCHE CANNABIS-KRAUTSAMEN®
WWW.SENSISEEDS.COM